建筑安装工程施工工长口袋书

砌筑工长

陆岑 主编

中国建筑工业出版社

图书在版编目(CIP)数据

砌筑工长/陆岑主编. —北京：中国建筑工业出版社，2008
(建筑安装工程施工工长口袋书)
ISBN 978-7-112-09961-0

I.砌… II.陆… III.砌筑-基本知识 IV.TU754.1

中国版本图书馆 CIP 数据核字 (2008) 第 103152 号

建筑安装工程施工工长口袋书
砌 筑 工 长
陆 岑 主编

*

中国建筑工业出版社出版、发行(北京西郊百万庄)
各地新华书店、建筑书店经销
北京天成排版公司制版
北京市彩桥印刷有限责任公司印刷

*

开本：787×960毫米 1/32 印张：8⅛ 字数：200千字
2008年9月第一版 2008年9月第一次印刷
印数：1—3000册 定价：**20.00**元
ISBN 978-7-112-09961-0
(16764)

版权所有 翻印必究
如有印装质量问题，可寄本社退换
(邮政编码 100037)

本书是建筑安装工程施工工长口袋书 9 个分册中的 1 本。本分册主要介绍的是砌筑工长应掌握的技术知识与必备的资料。内容包括施工管理，建筑识图，材料与施工机具，砌筑工艺，瓦屋面、砖地面及下水工程施工，砌筑工程的季节性施工，工料估算，安全技术要求。

本分册适合从事建筑安装工程施工的工长、技术人员使用，也可供相关专业人员和建筑工人阅读、参考。

* * *

责任编辑：武晓涛
责任设计：赵明霞
责任校对：兰曼利　安　东

建筑安装工程施工工长口袋书

《砌筑工长》 编写组

组织编写单位：北京建工集团培训中心

主　　编：陆　岑

编写人员（按姓氏笔画）：

　　　　王金富　王玲莉　孙　强

　　　　陈长华　钟为德　侯君伟

前 言

本套系列图书是应广大建筑安装施工现场技术人员之需而编。共分9册,分别是模板工长、钢筋工长、混凝土工长、架子工长、装饰工长、防水工长、砌筑工长、水暖工长、电气工长,这9个分册基本涵盖了建筑安装施工现场主要的技术工种,均由北京建工集团培训中心组织编写。之所以叫口袋书,除了在装帧形式上采用如此小的开本方便技术人员在现场携带外,在内容的选取上也是力求简练实用,多数为现场人员必须掌握的技术知识和必备资料。编者希望这样的编写方式能对现场人员的工作带来真切的帮助。

本套系列图书在编写过程中参考了大量的有关参考文献,得到了许多同志的帮助,在此虽未一一列出,编者却由衷地表示感谢。限于编者的水平,书中若有不当或错误之处,热忱盼望广大读者指正,编者将不胜感激。

目 录

1 施工管理 ·································· 1
  1.1 施工计划管理 ························ 1
    1.1.1 施工作业计划 ···················· 1
    1.1.2 开工、竣工和施工顺序 ············ 3
  1.2 施工技术管理 ························ 4
    1.2.1 施工技术管理的主要工作 ·········· 4
    1.2.2 施工组织设计 ···················· 5
    1.2.3 技术交底 ······················· 10
    1.2.4 材料检验管理和工程档案工作 ····· 12
  1.3 安全管理 ··························· 15
    1.3.1 安全技术责任制 ················· 15
    1.3.2 安全技术措施计划 ··············· 16
    1.3.3 安全生产教育 ··················· 16
    1.3.4 安全生产检查 ··················· 17
    1.3.5 伤亡事故调查和处理 ············· 17
  1.4 施工工长的主要工作 ················· 18
    1.4.1 技术准备工作 ··················· 18
    1.4.2 班组操作前准备工作 ············· 19
    1.4.3 调查研究班组人员及工序情况 ····· 20
    1.4.4 向工人交底 ····················· 20
    1.4.5 施工任务的下达、检查和验收 ····· 21
    1.4.6 做好施工日志工作 ··············· 22
2 建筑识图 ································ 23

2.1 看懂一般建筑施工图 ……… 23
2.1.1 建筑施工图的分类及编排次序 ……… 23
2.1.2 建筑施工图的识图 ……… 25
2.1.3 结构施工图的识图 ……… 38
2.1.4 标准图识图 ……… 44
2.1.5 看图的方法、要点和注意事项 ……… 45
2.2 看懂复杂的施工图 ……… 48
2.2.1 什么是复杂的施工图 ……… 48
2.2.2 如何看砖砌烟囱施工图 ……… 50
3 材料与施工机具 ……… 56
3.1 材料 ……… 56
3.1.1 砌筑用砖 ……… 56
3.1.2 砌筑用砌块 ……… 61
3.1.3 砌筑用石材 ……… 65
3.1.4 砌筑砂浆 ……… 67
3.1.5 瓦及排水管材 ……… 76
3.2 施工机具 ……… 82
3.2.1 常用工具 ……… 82
3.2.2 质量检测工具 ……… 87
3.2.3 常用机具 ……… 91
3.2.4 砌块施工专用机具 ……… 95
3.2.5 脚手架 ……… 96
4 砌筑工艺 ……… 101
4.1 施工准备 ……… 101
4.2 基本要求 ……… 104
4.3 砖砌体砌筑 ……… 106
4.3.1 一般规定 ……… 106
4.3.2 普通砖组砌 ……… 108

    4.3.3 多孔砖组砌形式 …… 146
    4.3.4 填充墙砌筑 …… 150
    4.3.5 烟囱、水塔、炉灶砌筑 …… 153
    4.3.6 其他砌体砌筑方法 …… 171
  4.4 砌块砌体砌筑 …… 180
    4.4.1 实心砌块砌筑 …… 180
    4.4.2 混凝土空心砌块砌筑 …… 187
  4.5 石砌体砌筑 …… 200
    4.5.1 毛石砌筑 …… 200
    4.5.2 料石砌体砌筑 …… 208
    4.5.3 质量与安全要求 …… 212
5 瓦屋面、砖地面及下水工程施工 …… 216
  5.1 坡屋面挂瓦 …… 216
    5.1.1 平瓦屋面 …… 216
    5.1.2 小青瓦屋面 …… 219
    5.1.3 筒瓦屋面 …… 223
  5.2 砖(块)地面和块石路面铺砌 …… 225
    5.2.1 砖(块)地面铺砌 …… 225
    5.2.2 质量要求及检验方法 …… 229
  5.3 下水工程 …… 231
    5.3.1 窨井与化粪池 …… 231
    5.3.2 下水道铺设及闭水试验方法 …… 238
6 砌筑工程的季节性施工 …… 244
  6.1 冬期施工 …… 244
    6.1.1 基本要求 …… 244
    6.1.2 施工要点 …… 247
  6.2 雨期施工 …… 252
    6.2.1 对砌体工程的影响 …… 252

  6.2.2　防范措施 ································· 253
 6.3　暑期施工 ······································· 253
  6.3.1　对砌体工程的影响 ······················· 253
  6.3.2　防范措施 ································· 253
 6.4　安全注意事项 ································· 254
  6.4.1　冬期施工 ································· 254
  6.4.2　雨期施工 ································· 255
  6.4.3　暑期施工 ································· 255
7　工料估算 ·· 256
 7.1　基本知识 ······································· 256
  7.1.1　工程量计算 ······························ 256
  7.1.2　定额的套用 ······························ 262
 7.2　估工估料方法示例 ··························· 264
8　安全技术要求 ····································· 266
 8.1　一般要求 ······································· 266
 8.2　砌筑安全要求 ································· 266
 8.3　挂瓦安全要求 ································· 270
参考文献 ·· 272

1 施工管理

1.1 施工计划管理

1.1.1 施工作业计划

(1) 计划的分类、作用和主要内容见表 1-1。

施工作业计划的分类、内容　　表 1-1

类别	中长期计划	年度计划	季度计划	月计划
作用	指明发展方向、经营方针和经营目标	贯彻经营方针，实现经营目标，指导全年施工生产经营活动	贯彻、落实年度计划，控制月计划	指导日常施工生产经营活动，是年、季计划的具体化
内容	(1) 经营基本方针；(2) 经营目标；(3) 市场开拓规划；(4) 技术开发规划；(5) 人员与装备规划；(6) 基地建设规划；(7) 多种经营规划；	(1) 综合经济效益计划；(2) 承包工程计划；(3) 施工计划；(4) 劳动、工资计划；(5) 材料供应计划；(6) 机械设备配置计划；(7) 技术组织措施计划；(8) 成本计划；	(1) 综合经济效益计划；(2) 施工计划；(3) 劳动生产率及职工人数计划；(4) 物资采购运输和供应计划；(5) 机械设备能力平衡计划；(6) 技术组织措施计划；	(1) 基本指标汇总表；(2) 施工进度计划；(3) 劳动力需要量计划；(4) 材料、半成品需要计划；(5) 机械设备使用计划；(6) 提高劳动生产率降低成本措施计划；

续表

类别	中长期计划	年度计划	季度计划	月计划
内容	(8)企业体制改革和管理手段现代化规划	(9)财务计划; (10)附属辅助生产计划; (11)本身基建和企业改造计划; (12)职工培训计划	(7)成本计划; (8)财务收支计划; (9)附属辅助生产计划	(7)工业产品生产计划; (8)财务收支计划; (9)经营业务活动计划

(2) 编制前准备工作、编制基本依据和编制程序见表 1-2。

编制前准备工作、基本依据和程序　表 1-2

项目	说　明
编制计划前准备工作	(1) 编好单位工程预算,进行工料分析,提出降低成本措施。 (2) 根据总进度、总平面等的要求确定施工进度和平面布置。 (3) 签订分包协议或劳务合同。 (4) 主要材料设备和施工机具的准备。 (5) 施工测量和抄平放线。 (6) 劳动力的配备。 (7) 施工技术培训和安全交底等
编制计划的基本依据	(1) 年、季计划;施工组织设计;施工图纸;有关技术资料和上级文件;施工合同等。 (2) 上一计划期的工程实际完成情况;新开工程的施工准备工作情况。 (3) 计划期内的物资、加工品、机械设备的落实情况。 (4) 实际可能达到的劳动效率、机械的台班产量;材料消耗定额等

续表

项目	说 明
编制计划的程序	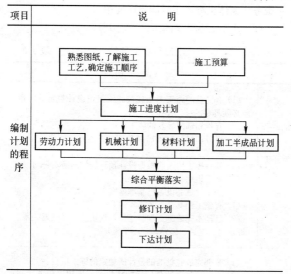

1.1.2 开工、竣工和施工顺序

(1) 施工顺序。

施工顺序是指一个建设项目(包括生产、生活、主体、配套、庭园、绿化、道路以及各种管道等)或单位工程，在施工过程中应遵循的合理的施工顺序。对于一个工程的全部项目来讲，应该是：

1) 首先搞好基础设施，包括红线外的上水、下水、电、电信、燃气热力、交通道路等，后红线内。

2) 红线内工程，先全场性的，包括场地平整、道路、管线等，后单项；先地下、后地上。

3) 全部工程在安排时要主体工程和配套工程(变电

室、热力点、污水处理等)相适应,力争配套工程为施工服务;主体工程竣工时能投产使用。

(2)开竣工应具备的条件见表1-3。

开工和竣工条件 表1-3

项目	说　　明
开工条件	(1)有完整的施工图纸或按施工组织设计规定分阶段所必须具备的施工图纸。 (2)有规划部门签发的施工许可证。 (3)财务和材料渠道已经落实,并能按工程进度需要拨料和拨款。 (4)签订施工协议或根据设计预算签订的施工合同。 (5)施工组织设计已经批准。 (6)加工订货和设备已基本落实。 (7)有施工预算。 (8)已基本完成施工准备工作,现场达到"三通一平"(即水通、电通、路通、现场平整)
竣工条件	(1)全部完成经批准的设计所规定的施工项目。 (2)工业项目要达到试运转或投产;民用工程要达到使用要求。 (3)主要的附属配套工程,如变电室、锅炉房或热力点、给水、排水、燃气、电信等已能交付使用。 (4)建筑物周围按规定进行了平整和清理。做好园林绿化。 (5)工程质量经验收合格

1.2　施工技术管理

1.2.1　施工技术管理的主要工作

见图1-1。

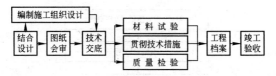

图 1-1 施工技术管理的主要工作

1.2.2 施工组织设计

(1) 施工组织设计分类见表 1-4。

施工组织设计分类 表 1-4

分类项目	说 明
施工组织总设计	它是以整个建设项目或建筑群为对象,要对整个工程施工进行全盘考虑、全面规划,用以指导全场性的施工准备和有计划地运用施工力量开展施工活动,确定拟建工程的施工期限、施工顺序、施工的主要方法,重大技术措施,各种临时设施的需要量及施工现场的总平面布置,并提出各种技术物资的需要量,为施工准备创造条件
施工组织设计(或施工设计)	它是以单项工程或单位工程为对象,用以直接指导单位工程或单项工程的施工,在施工组织总设计的指导下,具体安排人力、物力和建筑安装工作,是制定施工计划和作业计划的依据
分部(项)工程施工设计	是指重要或是新的分项工程,或专业施工的分项设计。如基础、结构、装修分部;深基坑挡土支护、钢结构安装、冬期和雨期施工,以及新工艺、新技术等特殊的施工方法等

(2) 施工组织设计的主要内容和编制程序 (图 1-2)。

图 1-2 施工组织设计的主要内容和编制程序

(3) 编制施工组织总设计的条件及主要技术经济指标。

编制施工组织总设计所需的自然技术经济条件参考资料及主要技术经济指标见表 1-5。

编制施工组织总设计的参考资料　表 1-5

类　别	名　称	内容说明
自然条件资料、地形资料	建设地区地形图	比例尺一般不小于 1：2000 等高线差为 5～10m，图上应注明居住区、工业区、自来水厂、车站、码头、交通道路和供电网路等位置
	工程位置地形图	比例尺一般为 1：2000 或 1：1000 等高线差为 0.5～1.0m，应注明控制水准点、控制桩和 100～200m 方格坐标网
工程地质资料	建设地区钻孔布置图 工程地质剖面图，地区土壤物理力学性质资料，土壤试验报告，地震试验	表明地下有无古墓、洞穴、枯井及地下构筑物等满足确定土方和基础施工方法的要求
水文资料	地下水资料	表明地下水位及其变化范围，地下水的流向、流速和流量，水质分析等
	地面水资料	临近的江河湖泊及距离，洪水、平水及枯水期的水位、流量和航道深度，水质分析等
气象资料	气温资料	年平均、最高、最低温度，最热最冷月的逐月平均温度，冬、夏季室外计算温度，低于或等于－3℃、0℃、5℃的天数及起止时间等
	降雨资料	雨期起迄时间、全年降水量及日最大降水量，年露暴日数
	风的资料	主导风向及频率、全年 8 级以上大风的天数及时间

续表

类别	名称	内容说明
技术经济资料	地方资源情况	当地有无可供生产建筑材料及建筑配件的资源,如石灰岩、石山、河沙、黏土、石膏及地方工业的副产品(粉煤灰、矿渣等)其蕴藏量。物理化学性能及有无开采价值
	建筑材料构件生产供应情况	(1) 当地有无采料场、建筑材料和构配件生产企业,其分布情况及隶属关系,其产品种类和规格,生产和供应能力,出厂价格、运输方式、运距、运费等。 (2) 当地建筑材料市场情况
	交通运输情况	(1) 铁路:邻近有无可供使用的铁路专用线,车站与工地的距离,装卸条件,装卸费及运费等。 (2) 公路:通往工地的公路等级、宽度、允许最大载重量,桥涵的最大承载力和通过能力,当地可提供的运力和车辆修配能力。 (3) 水运和空运的有关情况
	供水、供电情况	(1) 从地区电力网取得电力的可能性、供应量、接线地点及使用条件等。 (2) 水源及可供施工用水的可能性、供水量、连接地点、现有上水管径、埋深、水压等
	劳动力及生活设施情况	(1) 当地可提供的劳动力及劳动力市场情况,可作为施工工人和服务人员的数量和文化技术水平。 (2) 建设地区现有的可供施工人员用的职工宿舍、食堂、浴室,文化娱乐设施的数量、地点、面积、结构特征、交通和设备条件等

续表

类别	名称	内容说明
技术经济指标	施工工期	从工程正式开工到竣工所需要的时间
	劳动生产率	1. 产值指标 建安工人劳动生产率 $=\dfrac{自行完成施工产值}{建安工人(包括徒工、民工)平均人数}$ (元/人) 2. 实物量指标 (1) 工人劳动生产率 $=\dfrac{完成某工种工程量}{某工种平均人数}$(工程量单位/人) (2) 单位工程量用工$=\dfrac{全部劳动工日数}{竣工面积}$ (工日/单位工程量)
	劳动力不均衡系数 K	$K=\dfrac{施工期高峰人数}{施工期平均人数}$
	降低成本额和降低成本率	降低成本额＝预算成本－计划成本 降低成本率$=\dfrac{降低成本额}{预算成本}\times 100\%$
	其他指标	1. 机械利用率 $=\dfrac{某种机械平均每台班实际产量}{某种机械台班定额产量}\times 100\%$ 2. 临时工程投资比 $=\dfrac{全部临时工程投资}{建安工程总值}$ 3. 机械化施工程度 $=\dfrac{机械化施工完成工作量(实物量)}{总工作量(实物量)}\times 100\%$

9

1.2.3 技术交底

在条件许可的情况下,施工单位最好能在扩大初步设计阶段就参与制定工程的设计方案,实行建设单位、设计单位、施工单位"三结合"。这样,施工单位可以提前了解设计意图,反馈施工信息,使设计能适应施工单位的技术条件、设备和物资供应条件,确保设计质量,避免设计返工。

施工单位应根据设计图纸作施工准备,制定施工方案,进行技术交底。技术交底分工和内容见表1-6。

技术交底分工和内容　　　　表1-6

交底部门	交底负责人	参加单位和人员	技术交底的主要内容
施工企业(公司)	总工程师	有关施工单位的行政、技术负责人、公司职能部门负责人	(1) 由公司负责编制的施工组织设计。 (2) 由公司决定的重点工程,大型工程或技术复杂工程的施工技术关键性问题。 (3) 设计文件要点及设计变更洽商情况。 (4) 总分包配合协作的要求、土建和安装交叉作业的要求。 (5) 国家、建设单位及公司对该工程的工期、质量、成本、安全等要求。 (6) 公司拟采取的技术组织措施

续表

交底部门	交底负责人	参加单位和人员	技术交底的主要内容
项目经理部	主任工程师（总工程师）	单位工程负责人、技术员、质量检查员、安全员、职能部门的有关人员、内部协作（或分包）人员	（1）由项目经理部编制的施工组织设计或施工方案。 （2）设计文件要点及设计变更、洽商情况。 （3）关键性的技术问题，新操作方法和有关技术规定。 （4）主要施工方法和施工程序安排。 （5）保证进度、质量、安全、节约的技术组织措施。 （6）材料和结构的试验项目
基层施工单位	项目技术负责人或技术员	参与施工的各班组负责人及有关技术骨干工人	（1）落实有关工程的各项技术要求。 （2）提出施工图纸上必须注意的尺寸，如轴线、标高、预留孔洞、预埋件镶入构件的位置、规格、大小、数量等。 （3）所用各种材料的品种、规格、等级及质量要求。 （4）混凝土、砂浆、防水、保温、耐火、耐酸、防腐蚀材料等的配合比和技术要求。 （5）有关工程的详细施工方法、程序、工种之间、土建与各专业单位之间的交叉配合部位，工序搭接及安全操作要求。

续表

交底部门	交底负责人	参加单位和人员	技术交底的主要内容
基层施工单位	项目技术负责人或技术员	参与施工的各班组负责人及有关技术骨干工人	(6) 各项技术指标的要求,具体实施的各项技术措施。 (7) 设计修改、变更的具体内容或应注意的关键部位。 (8) 有关规范、规程和工程质量要求。 (9) 结构吊装机械、设备的性能,构件重量,吊点位置,索具规格尺寸,吊装顺序,节点焊接及支撑系统,以及注意事项。 (10) 在特殊情况下,应知应会应注意的问题

1.2.4 材料检验管理和工程档案工作

材料检验管理和工程档案工作见表 1-7。

材料检验管理与工程档案工作　　表 1-7

项目	说　明
材料检验管理	(1) 用于施工的原材料、成品、半成品、设备等,必须由供应部门提出合格证明文件。对没有证明文件或虽有证明文件但技术领导或质量管理、试验部门认为有必要复验的材料,在使用前必须进行抽查、复验,证明合格后才能使用。 (2) 钢材、水泥、砖、焊条等结构用的材料除应有出厂证明或检验单外,还要根据规范和设计要求进行检验。 (3) 高低压电缆和高压绝缘材料,要进行耐压试验。 (4) 混凝土、砂浆、防水材料的配合比,应先提出试配要求,经试验合格后才能使用。 混凝土试块要按现行《混凝土结构工程施工质量验收规范》(GB 50204)的有关要求留置和检验。

续表

项目	说 明	
材料检验管理	(5) 钢筋混凝土构件及预应力钢筋混凝土构件也应按上述规范进行抽样试验。 (6) 必须对预制加工厂等工厂生产的成品、半成品进行严格检查，签发出厂合格证。不合格的不能出厂。 (7) 新材料、新产品、新构件，要在对其做出技术鉴定，制定出质量标准及操作规程后，才能在工程上使用。 (8) 在现场配制的建筑材料，如防水材料、防腐蚀材料、耐火材料、绝缘材料、保温材料、润滑材料等，均应按实验室确定的配合比和操作方法进行施工。 (9) 加强对工业设备和施工机械的检查、试验和试运转工作。设备运到现场后，安装前必须按有关技术规范、规程进行检查验收，做好记录	
工程档案	有关建筑物合理使用，维护、改建扩建的参考文件资料，工程竣工时提交建设单位保存	(1) 施工执照，地质勘探资料。 (2) 永久水准点的坐标位置，建筑物、构筑物及其基础深度等的测量记录。 (3) 竣工部分一览表(竣工工程名称、位置、结构层次、面积或规格，附有的设备装置和工具等) (4) 图纸会审记录、设计变更通知单和技术核定单。 (5) 隐蔽工程验收记录(包括打桩、试桩、吊装记录)。 (6) 材料、构件和设备质量合格证明(包括出厂证明、质量保证书)。 (7) 成品及半成品出厂证明及检验记录。 (8) 工程质量事故调查和处理记录。 (9) 土建施工必要的试验、检验记录： 1) 结构混凝土及砂浆试块强度记录，按施工顺序排列编号，注明结构部位，将实验室的试验单原件及汇总表装订成册； 2) 混凝土抗渗试验资料；

续表

项目	说　　明
工程档案	有关建筑物合理使用、维护、改建扩建的参考文件资料，工程竣工时提交建设单位保存	3）土质干密度试验资料，在基础施工时应分步取样并绘制部位图存档； 4）沥青玛琋脂试验记录； 5）耐酸耐碱试验记录。 （10）设备安装及暖气、卫生、电气、通风工程施工试验记录。 （11）施工记录。一般应包括以下内容： 1）地基处理记录。主要是指基础验槽时设计单位和勘探单位的处理意见，必要时绘制地基处理图；特殊地层处理如打桩、暗滨处理加固、重锤夯实等，按操作要求记录，有分包配合施工者，由总包和分包单位一起做验收记录； 2）工程质量事故、安全事故处理记录。事故部位、发生原因、处理办法、处理后的情况应用文字或图表记录，必要时用照片和录像做好记录； 3）预制构件吊装记录，主要指厂房、大型预制构件的吊装过程记录，焊接记录和测试、验收记录； 4）新技术、新工艺及特殊施工项目的有关记录，如滑模、升板工程的偏差记录等； 5）预应力构件现场施工及张拉记录； 6）构件荷载试验记录。 （12）建筑物、构筑物的沉降和变形观测记录。 （13）未完工程的中间交工验收记录。 （14）由施工单位和设计单位提出的建筑物、构筑物使用注意事项文件。 （15）其他有关该项工程的技术决定。 （16）竣工验收证明。 （17）竣工图

续表

项目	说　　明	
工程档案	为系统积累经验，由施工单位保存的技术资料	(1) 施工组织设计、施工设计和施工经验总结。 (2) 本单位初次采用或施工经验不足的新结构、新技术、新材料的试验研究资料，施工操作专题经验总结。 (3) 技术革新建议的试验、采用、改进的记录。 (4) 有关的重要技术决定和技术管理的经验总结。 (5) 施工日志等
	大型临时设施档案	包括工棚、食堂、仓库、围墙、钢丝网、变压器、水电管线的总平面布置图、施工图、临时设施有关的结构构件计算书，必要的施工记录

1.3　安全管理

1.3.1　安全技术责任制

(1) 企业单位各级领导人员在管理生产的同时，必须负责管理安全工作，认真贯彻执行国家有关劳动保护的法令和制度，在计划、布置、检查、总结、评比生产的同时，要计划、布置、检查、总结、评比安全工作。

(2) 企业单位的生产、技术、设计、供销、运输、财务等有关专职机构，应在各自专业范围内，对实现安全生产的要求负责。

(3) 企业单位各生产小组都应该设有不脱产的安全员。小组安全员在生产小组长的领导和劳动保护干部的指导下，应当在安全生产方面以身作则，起模范带头作用，并协助小组长做好下列工作：经常对本组工人进行安全生产教育；督促他们遵守安全操作规程和各种安全生产制度；正确地使用个人防护用品；检查和维护本组的安全设备；发现生产中有不安全情况的时候，及时报告；参加事故的分析和研究，协助领导实现防止事故的措施。

1.3.2 安全技术措施计划

（1）企业单位在编制生产、技术、财务计划的同时，必须编制安全技术措施计划。安全技术措施所需的设备、材料，应该列入物资、技术供应计划，对于每项措施，应该确定实现的限期和负责人。企业的领导人应该对安全技术措施计划的编制和贯彻执行负责。

（2）安全技术措施计划的范围，包括以改善劳动条件（主要指影响安全和健康的）、防止伤亡事故、预防职业病和职业中毒为目的的各项措施，不要与生产、基建和福利等措施混淆。

（3）安全技术措施计划所需的经费，按照现行规定，属于增加固定资产的，由国家拨款；属于其他零星支出的，摊入生产成本。企业主管部门应该根据所属企业安全技术措施的需要，合理地分配国家的拨款。劳动保护费的拨款，企业不得挪作他用。

1.3.3 安全生产教育

（1）企业单位必须认真地对新工人进行安全生产的入厂教育、车间教育和现场教育，并且经过考试合格后，才能准许其进入操作岗位。

（2）对于燃气、起重、锅炉、受压容器、焊接、车辆驾驶、爆破、瓦斯检验等特殊工种的工人，必须进行专门的安全操作技术训练，经过考试合格后，才能准许他们操作。

（3）企业单位都必须建立安全活动日和在班前班后会上检查安全生产情况等制度，对职工进行经常的安全教育。并且注意结合职工文化生活，进行各种安全生产的宣传活动。

（4）在采用新的生产方法、添设新的技术设备、制造新的产品或调换工人工作的时候，必须对工人进行新操作法和新工作岗位的安全教育。

1.3.4　安全生产检查

（1）企业单位对生产中的安全工作，除进行经常的检查外，每年还应该定期地进行二至四次群众性的检查，这种检查包括普遍检查、专业检查和季节性检查，这几种检查可以结合进行。

（2）开展安全生产检查，必须有明确的目的、要求和具体计划，并且必须建立由企业领导负责，有关人员参加的安全生产检查组织，以加强领导，做好这项工作。

（3）安全生产检查应该始终贯彻领导与群众相结合的原则，依靠群众，边检查，边改进，并且及时地总结和推广先进经验。有些限于物质技术条件当时不能解决的问题，也应该订出计划，按期解决，必须做到条条有着落、件件有交代。

1.3.5　伤亡事故调查和处理

（1）企业单位应该严肃、认真地贯彻执行国务院发布的"工人职员伤亡事故报告规程"。事故发生以后，企业领导人应该立即负责组织职工进行调查和分析，认真地从生产、技术、设备、管理制度等方面找出事故发生的原因；查明责任，落实改进措施，并且指定专人，限期贯彻执行。

（2）对于违反政策法令和规章制度或工作不负责任而造成事故的，应该根据情节的轻重和损失的大小，给予不同的处分，直至送交司法机关处理。

（3）时刻警惕一切犯罪分子的破坏活动，发现有关破坏活动时,应立即报告公安机关,并积极协助调查处理。对于那些思想麻痹、玩忽职守的有关人员,应该根据具体情况,给予应得处分。

(4) 企业的领导人对本企业所发生的事故应该定期进行全面分析,找出事故发生的规律,订出防范办法,认真贯彻执行,以减少和防止事故。对于在防范事故中表现好的职工,给以适当的表扬或物质鼓励。

1.4 施工工长的主要工作

1.4.1 技术准备工作

技术准备工作见表1-8。

技术准备工作 表1-8

项次	项目	说　明
1	熟悉图纸	工长要熟悉图样内容、要求和特点,参与图样会审要重点关注以下方面: (1) 各部砌筑施工图(包括平面布置图、剖面图、施工详图等)。 (2) 砌筑操作工艺要求及说明。 (3) 材料及选用。 (4) 施工图与说明在内容上是否一致,与其他组成部分间有无矛盾或错误。 (5) 总平面图与其他图样在尺寸、标高上是否一致,技术要求是否正确。 (6) 施工图中,施工难度大和技术要求高的分项工程和采用新结构、新材料、新工艺的分项工程与企业现有施工技术水平、管理水平能否满足要求,不足之处如何采取特殊技术措施加以保证。 (7) 分项工程施工所需材料、设备的数量、规格、来源和供货时间与设计要求是否一致。 (8) 分期、分批投产或交付使用的顺序和时间。 (9) 设计方、承包方、监理方、分包方之间的协作、配合关系,建设单位、承包方向分包方提供的施工条件

续表

项次	项目	说明
2	熟悉施工组织设计	(1) 生产部署。 (2) 施工顺序。 (3) 施工方法和技术措施。 (4) 施工平面布置
3	准备交底	(1) 一般工程（工人已熟悉的项目）——准备简要的操作交底和措施要求。 (2) 特殊工程（如新技术等）——准备图纸和大样，准备细部做法和要求

1.4.2 班组操作前准备工作

见表 1-9。

班组操作前准备工作　　　　表 1-9

项次	项目	说明
1	工作面的准备	清理现场，道路畅通，搭设架木，准备好操作面
2	施工机械准备	组织施工机械进场，接上电源进行试运行，并检查安全装置
3	材料和工具准备	材料进场按施工平面图布置要求等进行堆放；工具按班组人员配备
4	作业条件准备	(1) 图样会审后，根据工程特点、计划合同工期及现场环境等分解普通砖镶砌情况，砌块排列图，编写操作工艺要求及说明。 (2) 根据工程结构形式、特点和现场施工条件，合理确定砌筑施工的流水段划分。 (3) 查清墨斗线，弄清砌筑位置及门窗洞口位置，定born水平控制标高。 (4) 与井架、塔吊等垂直运输机械搞好配合，保证材料的运送。 (5) 做好砌筑砂浆的制备

1.4.3 调查研究班组人员及工序情况

见表 1-10。

调查研究班组人员和工序情况　　表 1-10

项次	项目	说　明
1	调查班组情况	(1) 人员配备； (2) 技术力量； (3) 生产能力
2	研究工序	(1) 确定工种之间的搭接次序、时间和部位； (2) 协助班组长做好人员安排； ① 根据工作面计划流水和分段； ② 根据流水分段和技术力量进行人员分档； ③ 根据分档情况配备运输、配料、供料的力量。

1.4.4 向工人交底

见表 1-11。

向工人交底　　表 1-11

项次	项目	说　明
1	计划交底	(1) 任务数量。 (2) 任务开始、结束时间。 (3) 该任务在全部工程中对其他工序的影响和重要程度
2	定额交底	(1) 劳动定额。 (2) 材料消耗定额。 (3) 机械配合台班及每台班产量
3	技术措施和操作方法交底	(1) 施工规范、技术规程和工艺标准的有关部分 (2) 有关图纸要求及细部做法 (3) 施工组织设计或施工方案的要求和所采取的提高工程质量、保证安全生产的技术措施。

续表

项次	项目	说　　明
3	技术措施和操作方法交底	(4) 具体操作部位的施工技术要求及注意事项。 (5) 具体操作部位的施工质量要求。 (6) 对关键性部位或新结构、新技术、新材料、新工艺推广项目和部位采取的特殊技术措施，必要时，应作文字交底、样板交底以及示范操作交底。 (7) 消灭质量通病的技术措施。 (8) 施工进度要求。 (9) 总分包协作施工组(队)的交叉作业、协作配合的注意事项，以及施工进度计划安排。 (10) 安全技术交底主要内容有： ① 施工项目的施工作业特点，作业中的潜在危险因素和存在问题； ② 针对危险因素、危险点应采取的具体预防措施，以及新的安全技术措施等； ③ 作业中应注意的安全事项； ④ 相应的安全操作规程和标准； ⑤ 发生事故后应及时采取的避险和急救措施； ⑥ 定期向由两个以上作业队和多工种进行交叉施工的作业队伍进行书面交底； ⑦ 保持书面安全技术交底签字记录
4	安全生产交底	(1) 施工操作运输过程中的安全事项。 (2) 使用机电设备安全事项。 (3) 高空作业和消防安全事项
5	管理制度交底	(1) 自检、互检、交接检的具体时间和部位。 (2) 分部分项质量验收标准和要求。 (3) 现场场容管理制度的要求。 (4) 样板的建立和要求

1.4.5　施工任务的下达、检查和验收

见表 1-12。

施工任务的下达、检查和验收　　表 1-12

项次	项目	说　明
1	操作中的具体指导和检查	（1）检查抄平、放线、准备工作是否符合要求； （2）工人能否按交底要求进行施工（必要时进行示范； （3）一些关键部位是否符合要求，如留槎、留洞、加筋、预埋件等，并及时提醒工人； （4）随时提醒安全、质量和现场场容管理中的倾向性问题； （5）按工程进度及时进行隐、预检和交接检，配合质量检查人员搞好分部分项工程质量验收
2	施工任务的下达与验收	（1）向班组下达施工任务书，任务完成后，按照计划要求、质量标准进行验收； （2）当完成分部分项工程以后，工长一方面须查阅有关资料，如砂浆强度等级、钢筋强度、砖的强度等级是否符合设计要求等，另一方面须通知技术员、质量检查员、施工的班组长，对所施工的部位或项目按照质量标准进行检查验收，合格产品须填写表格进行签字，不合格产品要立即组织原施工班组进行维修或返工

1.4.6　做好施工日志工作

施工日志记载的主要内容：

(1) 当日气候实况；

(2) 当日工程进展；

(3) 工人调动情况；

(4) 资源供应情况；

(5) 施工中的质量安全问题；

(6) 设计变更和其他重大决定；

(7) 经验和教训。

2 建筑识图

2.1 看懂一般建筑施工图

施工图是进行施工的主要依据。建造一栋房屋要有几张、几十张、甚至上百张的施工图纸。因此，建筑工长必须看懂施工图，特别是与本工种有关的图纸，才能做到心中有数，按图施工。

2.1.1 建筑施工图的分类及编排次序

(1) 分类

施工图按工种分类：由总平面图及建筑、结构、设备和电气几个专业的图纸组成。各专业图纸又分基本图和详图两部分。基本图纸表明全局性的内容；详图表明某一构件或某一局部的详细尺寸和材料做法等。

(2) 编排次序

一项工程施工图纸的编排顺序是总平面、建筑、结构、水电设备等。各工种图纸的编排，一般是全局性的图纸在前，局部性的图纸在后。在全部施工图的前面，还编入图纸目录和总说明。

1) 图纸目录。也称"标题页"或首页图，主要说明该工程由哪几个工种专业图纸组成，它的名称、张数和图号，其目的是便于使用者查找。在图纸目录中，一般列出工程名称、工程编号、建筑面积等。

2) 总说明。主要说明工程的概貌和总的要求。内容包括设计依据(如水文、地质、气象资料)、设计标准

(建筑标准、结构荷载等级、抗震设防要求、采暖通风要求、照明动力标准)、施工要求(材料要求和做法要求等)。一般中小型工程,总说明不单独列出,只分别在有关图纸中注明。

3) 总平面图。标出建筑物所在地理位置和周围环境。一般标有建筑物外形、建筑物周围的地形、原有建筑和道路,并标示出拟建道路、水电暖通等地下管网和地上管线,还要标示出测绘用的坐标方格网、坐标点位置和拟建建筑物的坐标、水准点和等高线、指北针、风玫瑰等。该类图纸简称"总施"。

4) 建筑施工图。简称"建施"。主要表示建筑物的外部形状、内部布置以及构造、装修和施工要求等。其基本图纸包括建筑物的平面图、立面图、剖面图等,详图包括门、窗、厕所(卫生间)、楼梯及各部位装修、构造等详细做法。

5) 结构施工图。简称"结施"。主要表示承重结构的布置情况、构件类型和构造做法等(砖混结构除首层地下的砖墙由基础结构图表示外,首层室内地面以上的砖墙、砖柱均由建筑施工图表示)。基本图纸包括基础图、柱网布置图、楼层结构布置图、屋顶结构布置图等。构件图包括柱、梁、楼板、楼梯以及阳台、雨罩等。

6) 设备施工图。简称"设施"。主要表示管道布置和走向,构件做法和加工安装要求。图纸包括平面图、系统图、详图等。

7) 电气施工图。简称"电施"。主要表示照明及动力电气布置、走向和安装要求。图纸包括平面图、系统图、接线原理图及详图等。

上述各专业施工图的内容,仅就常出现的图纸内容列举出来,具体还要根据建筑工程的性质和结构类型不同而定。例如,除成片建设的多项工程外,仅单项工程就不单独作总平面图,而是将总平面布置图放在建筑施工图内。

2.1.2 建筑施工图的识图

(1) 总平面图

总平面图包括的内容主要有:用地范围和红线、地形、各建筑物和构筑物的位置、绝对标高、室内外地坪标高、当地风向和建筑物朝向、道路和管网布置等。

总平面图的主要用途是:作为新建建筑物和构筑物定位、放线、土方施工及进行施工总平面布置的依据。

识读总平面图时,主要要注意以下几点:

1) 熟悉图例,弄清各种符号所代表的意思。

2) 查看拨地范围、建筑物的布置,了解建筑地段的地形、周围环境、道路布置及地面排水情况。

3) 了解新建筑物的坐落位置,图纸比例,总宽度,地坪标高及室内外高差。

4) 查找定位依据。

5) 实地勘察了解用地范围内的地上、地下设施,地形和有关障碍物等。并根据水电源情况考虑施工准备工作。

(2) 平面图

一般为建筑平面图的简称。平面图是用一个假想水平面把房屋沿门窗洞口的水平方向切开,切面以下部分的水平投影图就是平面图(图 2-1)。

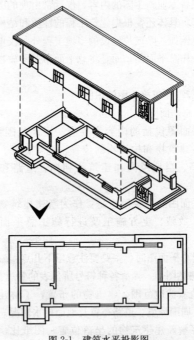

图 2-1 建筑水平投影图

平面图主要表明建筑物内部平面的布置情况。沿 2 层切开所得的投影图就叫 2 层平面图,同理可得 3 层、4 层平面图。如果其中有几个楼层平面布置相同,可以用一个标准层平面图表示。

平面图的用途主要是:作为在施工过程中放线、砌筑、安装门窗、作室内装修等的依据;也是编制工程预算和备料的依据。

识读平面图时,主要要注意以下几点:

1) 建筑物的形状、朝向以及各种房间、走廊、出入口、楼(电)梯、阳台等平面布置情况和相互关系。

2) 建筑物的尺寸,包括用轴线和尺寸线表示的各部分长、宽尺寸。

外墙尺寸一般分3道尺寸标注。第1道尺寸线是最外尺寸,表明建筑物的总长度、总宽度;第2道尺寸线是轴间尺寸,表明开间(柱距)和进深(跨度)尺寸;第3道尺寸线是细部尺寸,表明墙垛、墙厚和门窗洞口尺寸。此外,还要在首层平面图上表明室外台阶、散水等尺寸(图2-2)。

3) 楼地面标高。

4) 门窗洞口位置,门的开启方向,门窗及门窗过梁的编号。

5) 剖切线位置,局部详图和标准配件的索引号和位置。

6) 其他专业(如水、暖、电、卫等)对土建要求设置的坑、台、地沟、水池、电闸箱、消火栓、雨水管等以及在墙上或楼板上预留孔洞的位置及尺寸。

7) 除一般简单的装修用文字注明外,较复杂的工程,还表明室内装修做法,包括地面、墙面、顶棚等用料和做法。

8) 文字说明在图中不易表明的内容,如施工要求、砖及砂浆强度等。

(3) 立面图

立面图是表示建筑物的外观,主要有正立面图、侧立面图和背立面图(也有按朝向分东、西、南、北立面图)。

立面图的用途主要是供室外装修施工用(图2-3)。

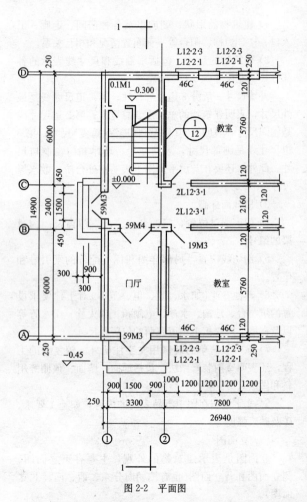

图 2-2 平面图

识读立面图主要要注意以下几点：

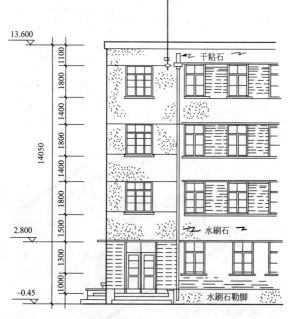

图 2-3 立面图

1) 建筑物的外形(包括东、西、南、北四个朝向的立面)、门窗、台阶、雨篷、阳台、雨水管、烟囱等的位置。

2) 建筑物的各楼层高度及总高度,室内外地坪标高。

3) 外墙立面装修做法、线脚做法及饰面分格等。

(4) 剖面图

它是建筑物被一个假想的垂直平面切开后,切面一侧部分的投影图(图 2-4)。

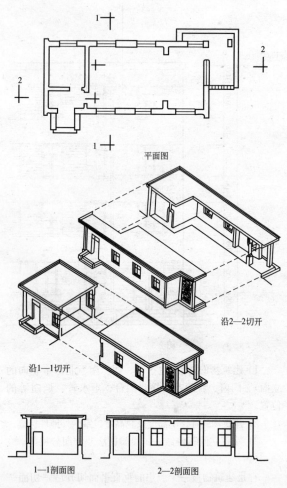

图 2-4 建筑剖面投影图

剖面图的内容主要是：简要地表明建筑物的结构形式、高度及内部的布置情况。根据剖切线位置的不同，剖面图分为横剖和纵剖，有时还可按转折的剖切线来绘制剖面图。

识读剖面图时要注意以下几点：

1) 建筑物的总高、室内外地坪标高、各楼层标高、门窗及窗台高度等。

剖面图沿外墙也注 3 道尺寸。第 1 道注室外地坪到女儿墙顶的总高度；第 2 道注室外地坪、室内地坪、楼面到总尺寸的距离；第 3 道注门窗洞和墙的尺寸（图 2-5）。

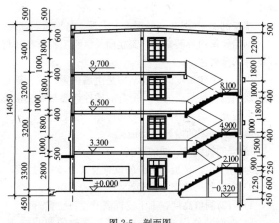

图 2-5 剖面图

2) 建筑物主要承重构件的相互关系。如梁、楼（顶）板的位置与墙、柱的关系；屋顶的结构形式等。

3) 剖面图中不能详细表达的详图索引号及位置、配件和节点详图。

(5) 建筑施工详图

为了表明某些局部的详细构造、做法及施工要求，采用较大比例绘制成施工详图(又称大样图)。

建筑施工详图主要包括以下内容：

1) 局部构造详图。如墙身剖面图、楼梯、门窗、台阶、消防梯等详图。

2) 有特殊设备的房间。如厕所、浴室、实验室等，用详图表明设备固定的位置、形状、埋件位置以及沟槽的大小和位置等。

3) 有特殊装修的房间。如吊顶、花饰、木护墙、大理石贴面、陶瓷锦砖(又称马赛克)贴面、瓷砖贴面等。

墙身剖面图(图 2-6)的用途主要是：与平面图配合，作为砌墙、室内外装修、门窗立面及编制工程预算和材料估算的重要依据。

由于一个建筑物的主要结构是由墙、梁、柱、楼板等主要结构构件组成的，而所有的构件都要与墙交接或连接，因此，墙身剖面一般都选择在外墙上。

墙身剖面图的内容主要是：

1) 墙的轴线号、墙的厚度。

2) 各层梁、楼板等构件的位置及其与墙身的关系。

3) 室内各层地面、顶棚标高及其构造做法。

4) 门窗洞口高度、上下皮标高及立口位置。

5) 立面装修做法，包括砖墙各部位的凹凸线脚、窗口、门头、雨篷、挑檐、檐口、勒脚、散水等尺寸，材料做法或索引号引出的做法详图，如图 2-6 中 $\left(\dfrac{3}{6}\right)$ 窗台板、$\left(\dfrac{2}{6}\right)$ 窗帘杆等。

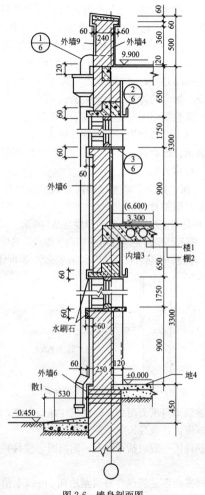

图 2-6 墙身剖面图

地面、散水、外墙做法有时根据通用图集只标注代号，如图2-6中"地4"表明①素土夯实；②100厚3：7灰土；③50厚C10素混凝土；④素水泥浆结合层一道；⑤20厚1：2.5水泥砂浆抹面压实赶光。

6）墙身的防水、防潮做法，如墙身、地下室、檐口、勒脚、散水的防水、防潮做法。

识读墙身剖面图时要注意以下几个问题：

1）±0.000或防潮层以下的砖墙在结构施工图的基础图中表示。因此看墙身剖面图时要与基础图配合，注意相互的搭接关系。

2）屋面、地面、散水、勒脚等做法尺寸应和有关通用图集对照阅看。

3）要分清建筑标高、建筑厚度与结构标高、结构厚度的关系。前者是指做完装修后的标高、厚度，其中包括结构标高、厚度；而后者仅是结构本身的标高、厚度(图2-7)。

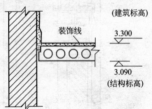

图2-7 建筑标高与结构标高

在建筑墙身剖面图中，标高只注建筑标高，厚度只注结构厚度，建筑装饰线一般不注厚度。

楼梯详图一般包括平面图、剖面图、楼梯栏杆及踏步大样。

楼梯平面图是假设在每层距地面1m以上沿水平方向剖切的水平剖面图(图2-8)，一般均分层绘制。但是

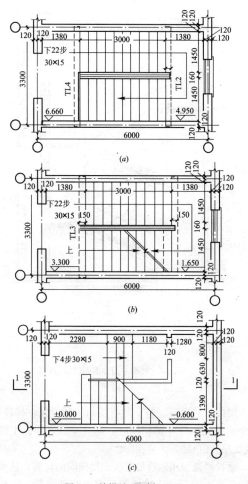

图 2-8 楼梯平面和剖面(一)
(a)首层平面;(b)二层平面;(c)顶层平面

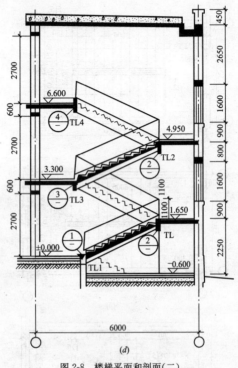

图 2-8 楼梯平面和剖面(二)
(d)1—1 剖面

在3层以上的房屋,若中间各层的楼梯位置、梯段数、踏步数和大小尺寸都相同时,则只绘出底层、中间层(或2层)和顶层3个平面图。

楼梯平面图用轴线编号表明楼梯间的位置,注明楼梯间的长、宽尺寸,楼梯跑的宽度和踏步数,踏步宽度,休息板的尺寸和标高等。楼梯跑被剖切处应为水平线，但为了避免与踏步线混淆，通常用倾斜的折断线表示。

识读楼梯平面图时要掌握各层平面的特点。如首层平面只有被剖切的往上走的梯段（注"上"字箭头）；2层平面既有被剖切的往上走的梯段，还有往下走的完整的梯段（标注"下"字箭头），均以本房楼地面为基准标注的。另外还表示出楼梯平台以及平台往下的部分梯段；顶层平面只表示向下的完整梯段及安全栏板位置。各层平面中所画的踏步分格，是踏步的踏面，其总数要比总的踏步数少一个。如图 2-8 中下 22 步，实际上踏步总数为 20 级，即一个梯段为 10 级。在楼梯平面图中标注的各部分细部尺寸，如楼梯段长度尺寸，通常把梯段长度尺寸与踏面数、踏面宽尺寸合并标注，如图 2-8 中 $10 \times 300 = 3000$，表示这个梯段有 10 个踏面，每一踏面为 300mm，梯段长度为 3000mm。

预制钢筋混凝土楼梯的平面图，还要注明采用预制构件的型号。

楼梯剖面图是假设在楼梯平面图（图 2-8）1-1 位置从上到下剖切得到的投影图。主要表明各层和休息板的标高、踏步数、局部节点做法、楼梯栏杆的形式及高度、楼梯间门窗洞口的标高及尺寸。如图 2-8 所示。

楼梯剖面图要与楼梯平面图结合起来识读，要与建筑平面图、剖面图对照阅读。当楼梯间地面标高较首层地面标高低时，应注意楼梯间防潮层的位置。

预制钢筋混凝土楼梯剖面图，注有构件型号及节点做法。引出的节点索引号，有的在本张图上表示，有的则在另一张图纸上表示。

楼梯栏杆及踏步详图主要表明栏杆的高度、尺寸、材料与踏步、休息板的材料、尺寸、面层做法。

门窗详图主要表示门窗的详细尺寸和剖切位置的断面尺寸。其内容包括立面图、节点大样、五金材料表和文字说明。如果选用通用图集中的门窗，则一般不再另画详图。

2.1.3 结构施工图的识图

结构施工图一般由基础平面和剖面图、各楼层结构平面和剖面图、屋面结构平面和剖面图以及构件和节点详图等组成，并附有文字说明、构件数量表和材料用量表。

(1) 基础平面图和剖面图

基础平面图和剖面图是相对标高±0.000以下的结构图，主要供放灰线、基槽（基坑）挖土及基础施工时用。

基础平面图主要表示基础、垫层、预留沟槽孔洞及其他地下设施的布置（图2-9）。识看基础平面图要注意弄清以下基本内容：

1) 轴线编号、轴线尺寸，它必须与建筑平面图完全一致。

2) 基础轮廓线尺寸与轴线的关系。当为独立基础时，应注意基础和基础梁的编号。

3) 剖切线位置。当基础宽度、基底标高、墙厚、大放脚、管沟做法有变化时，要与基础剖面图结合阅看。

4) 预留沟槽、孔洞的位置及尺寸，以及设备基础的位置及尺寸。

基础剖面图主要表明基础的具体尺寸、构造做法和

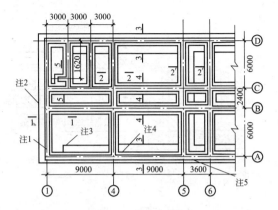

图 2-9 基础平面图

注1—基础退完的实墙；注2—基础垫层边线，也是挡土槽边线；
注3—暖沟土边线；注4—由于基槽与暖沟深度不同，所以平面
上见到两条线；注5—沟过墙洞，洞口上均用 L12.4 过梁

所用材料等。对条形基础主要应弄清以轴线为准的基础各部分尺寸、基底标高、基础和垫层材料、防潮层位置和做法，以及管沟断面尺寸和做法(图 2-10)；对独立基础主要应弄清基础编号与轴线的关系、基底标高、垫层做法等。

文字说明主要说明±0.000 相对的绝对标高、地基承载力、材料、刨槽、验槽或对施工的要求等。

(2) 楼层结构平面图及剖面图

楼层结构的类型很多，一般常用的分为预制楼层和现浇楼层两种。

1) 预制楼层结构平面图及剖面图。预制楼层结构平面及剖面图主要是为安装预制梁、板等各种楼层构件用的，有时也为制作圈梁和局部现浇梁、板用。其内容

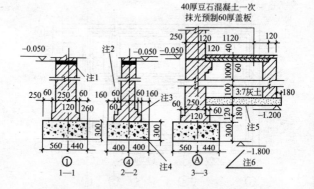

图 2-10 条形基础剖面图

注1—防潮层 20 厚 1:3 水泥砂浆加 5%防水粉;注2—大放脚是砌二皮收 60,
再砌一皮收 60 的收退方法;注3—大放脚;注4—混凝土垫层;
注5—灰土;注6—基础埋深标高

一般包括结构平面布置图、剖面图、构件统计表及文字说明四部分。阅图时应与建筑平面图和墙身剖面图配合阅读(图 2-11)。

预制楼层结构平面图主要表示楼层各种构件的平面关系(包括各种预制构件的名称、编号、数量、位置及定位尺寸等)。各种预制构件与墙的关系位置,均以轴线为准进行标注。如图 2-11 中 3YB38·(2)表示预应力圆孔板,其中(2)表示荷载级别,有( )的表示板宽为 880mm,无( )的表示板宽为 1180mm。板与板之间的缝隙一般为 20mm,一般不予标注(如大于 20mm 应予标注)。如各个开间的布置相同,一般只画一个开间布置详图,用甲、乙等序号表示相同布置。为了表示梁、板、墙、圈梁之间的搭接关系,在平面图中

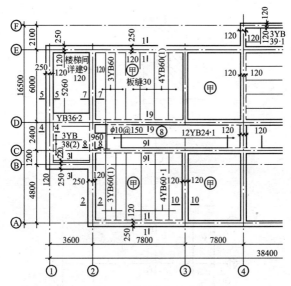

图 2-11 楼层结构平面图

有关位置标注剖切符号(如 1—1,2—2),与剖面图结合阅看。

预制楼层结构剖面图主要表示梁、板、墙、圈梁之间的搭接关系(图 2-12)和构造处理。如图 2-12 为图 2-11 中的 4—4 剖面,表示楼板搭接在墙上的长度为 110mm,板高 130mm,板底标高 3.14m,坐浆厚度 20mm。圈梁的平面布置一般在楼层结构平面图中不表示,需另见圈梁布置示意图(图 2-13),阅读圈梁图时,要注意它与窗口、门口的关系。

文字说明,主要说明材料、施工要求和所选用的标准图等。

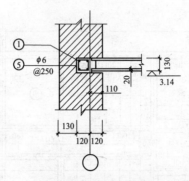

图 2-12 楼层结构剖面图

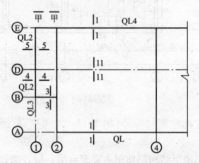

图 2-13 圈梁布置示意图

2) 现浇楼层结构平面图及剖面图。现浇楼层结构平面图及剖面图,主要是为在现场支模板,浇筑混凝土,制作梁板等用。其内容包括平面、剖面、钢筋表和文字说明四部分。阅读这些图纸时要与相应的建筑平面图及墙身剖面图配合阅读。

现浇楼层结构平面图主要标注轴线号、轴线尺寸、梁的布置位置和编号、板的厚度和标高及钢筋布置。每个开间的板一般按受力情况分双向板和单向板两种，标注方法是：

$$双向板\ \frac{B1}{100}\quad 单向板\ \frac{B2}{100}$$

B——板的代号；

1、2——板的编号；

100——板的厚度(mm)。

为了看清楚梁和板的布置及支承情况，常采用折倒断面(图 2-14a 中涂黑部分)，并注明板的上皮标高与板厚。钢筋的布置，一般也在结构平面图上直接画出板内不同类型的钢筋布置、规格、间距。如图 2-14 中标注的分布钢筋 $\phi6@250$ 的代号即表示为直径 6mm 的 HPB235 钢筋(光圆)，每根钢筋间距为 250mm 排列。

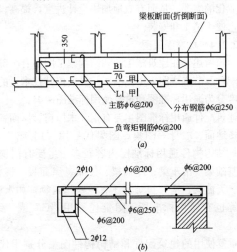

图 2-14 现浇楼层结构平面、剖面示意

现浇楼层结构剖面图主要表示梁、楼板、墙体的相互关系，如图 2-14(b)。

(3) 构件及节点详图

构件详图，在结构施工图中表明构件的详细构造做法；节点详图表明构件间连接处的详细构造做法。

构、配件和节点详图可分两类。一类是非标准构、配件和节点，例如基础、大多数柱子、现浇钢筋混凝土梁、板及某些门窗等，由于使用条件不同，一般必须根据每个工程的具体情况，单独进行设计，绘成详图；另一类是将量大面广的构、配件和节点，按照统一标准的原则，设计成标准构、配件和节点，绘成标准详图，以利于大批量生产，提高劳动生产率、降低成本和适应建筑工业化的需要。从而有效地加快设计进度，提高设计质量，便于施工和安装。

2.1.4 标准图识图

如前所述，在建筑施工图和结构施工图中有一部分构、配件及节点详图采用标准图。目前按其技术上的成熟程度分为通用标准图和重复使用标准图两类。

建筑配件通用标准图主要有钢、木门窗、屋面、顶棚、楼地面、墙身等图集，图集代号用"J"或"建"表示；结构构件通用标准图内容较多，主要有门窗过梁、基础梁、吊车梁、屋面梁、屋架、屋面板、楼板、楼梯、天窗架、沟盖板等。还有一些构筑物，如水池、水塔等也有通用标准图，图集代号用"G"或"结"表示。

重复使用的建筑配件和结构构件图集分别用代号"CJ"和"CG"表示。

标准图根据使用范围的不同又分为:

1) 经国家批准的全国通用构、配件图和经国家有关部门组织审查通过的重复使用图。这些均可在全国范围内使用。

2) 经各省、市、自治区基建主管部门批准的通用图,可在本地区使用。

3) 各设计单位编制的通用图集,可供本单位内部采用。

2.1.5 看图的方法、要点和注意事项

(1) 看图的方法

土建施工图的看图方法归纳起来是:"由外向里看,由大到小看,由粗到细看,图样与说明互相看,建施与结施对着看,设备图纸最后看。"这样能收到较好的效果。

1) 总体了解。首先仔细查看目录、总平面图和设计总说明,了解工程概况。如设计单位、建设单位、新建房屋的位置、周围的环境、施工技术要求等。对照目录,检查图纸齐全否,采用哪些标准图集,并准备齐图集。然后看建筑平面图、立面图、剖面图,大体了解建筑立体形状及内部布置情况。

2) 顺序识读。在总体了解情况后,根据施工先后顺序,从基础图看起,依次看墙体(或柱)详图、结构平面布置图,建筑构造及装修施工图及详图,仔细阅读每张图纸内容。

3) 前后对照。读图时应注意,平面图与剖面图对照读,建筑施工图与结构施工图对照看,土建施工图与设备、电气施工图对照看,这样做到对整体工程施工情况及技术要求心中有数。

4) 重点细读。根据工种不同，将有关专业施工图再有重点地仔细读一遍，并将遇到的问题记录下来，及时向相关部门反映。对于砌筑技术人员来说，要重点了解基础的深度，大放脚是几皮几收的，墙有多厚、用什么砖、什么砂浆，是清水墙还是混水墙，每一层要砌多高，圈梁、过梁的位置，门窗洞口的位置和尺寸，楼梯与砖墙的关系，烟囱、垃圾井的位置和做法，厨房、卫生间有什么特殊要求，有没有梁垫、梁洞，以及管道设备的留孔预埋，等等。

(2) 看图要点

每一张图纸只表达建筑物的一部分内容，而一套图才能表达一个建筑物。所以，各种图纸之间是相互联系的，看图不能孤立地看，需要综合地看。在看各类图纸时应注意的要点是：

1) 平面图

① 房屋的平面图要从最底层开始看起，逐层向上直到顶层。特别要详细看首层平面图，这是平面图中最主要的一层。

② 看平面图中的尺寸，应先看控制轴线间的尺寸。把轴线关系搞清楚，记住开间、进深的尺寸和墙体的厚度尺寸，再看建筑物的外形总尺寸，并逐间、逐段校核有无差错。

③ 核对门窗的尺寸、编号、数量和各门窗的过梁型号。

④ 看清楚各部位的标高，同时应复核各层的标高与立面、剖面是否吻合。

⑤ 记住各房间的使用功能。

⑥ 对比各楼层的功能布置，看有无增减墙体、门

窗等情形。

⑦ 对照详图看墙体、柱的轴线关系,如有不居中或偏心的轴线,一定要记住。

2) 立面图

① 对照平面图的轴线编号,看各个立面的表示是否正确。特别要注意有些立面图图名用朝向书写,即东立面、南立面、西立面、北立面等,有的用轴线标写,因此必须对照平面图来看立面图。

② 在看清每个立面后,再将四个立面对照起来看,看有无不交圈的地方。

③ 记住外墙装修所用的各种材料和使用范围。

3) 剖面图

① 对照平面图校核相应剖面图的标高是否正确,垂直方向的尺寸与标高尺寸是否吻合,门窗洞口尺寸与门窗表的尺寸是否吻合。

② 对照平面图校核轴线的编号是否正确,剖切面的位置与平面图剖切符号是否符合。

③ 校对各层楼、地、屋面的做法与设计说明是否吻合。

④ 与立面图对照校核看有无矛盾。

4) 详图

① 首先查对索引标志,明确相应使用的详图,防止"张冠李戴"。

② 查明平、立、剖面图上的详图部位,对照轴线仔细核对尺寸、标高,防止差错。

③ 认真研究细部的构造和做法,选用的材料与做法有无矛盾等。

(3) 看图注意事项

1) 要掌握投影的基本原理和熟悉房屋建筑的基本构造。

2) 要熟悉和了解图纸采用的图例和符号。

3) 要特别注意在图纸图例上无法表示的内容，如砖和砂浆的强度等级等，要从附注和说明中查找对号。

4) 要注意尺寸的单位。特别是没有标注单位的数字。一般总平面图和标高以"m"为单位；其他均以"mm"为单位。

5) 看图应仔细耐心，要把图看懂，要对图上的有关内容和数字核对清楚，有疑问处要作记录，并向设计人员核定。

2.2 看懂复杂的施工图

2.2.1 什么是复杂的施工图

目前对复杂的施工图还没有一个确切的定义。根据目前的情况来看，有以下几种情况的，可以认为是较复杂的施工图。

(1) 规模较大的单位工程

如一些等级较高的综合性公共建筑，使用功能比较多，有主体建筑及裙房，底层有大厅、商店、餐厅、厨房、舞厅、咖啡厅等，楼层设有各种娱乐厅、会议室、办公室、客房等。还有一些生产上要求高的工业厂房，如多层车间、仓库、办公室和工具间相结合的层高不同、室内平面不在同一个标高上的厂房建筑。这类房屋建筑的图纸（包括装饰图纸）一般比较复杂。

(2) 造型比较复杂的房屋建筑

如平面布置不规则，有圆弧形、三角形或凸凹形状，立面参差不齐、屋顶标高不在同一标高上，内外装饰比较复杂，甚至有工艺雕塑等的建筑。

(3) 比较复杂的构筑物

构筑物具有自身的独立性，可以单独成为一个结构体系，用来为工业生产或民用生活服务。常见的构筑物有烟囱、水塔、料仓、水池、油罐、挡土墙、管架及电厂的冷却塔等。

(4) 古典及园林建筑

如古建筑的楼、台、亭、阁、馆、廊、榭等，这些施工图纸更复杂。

某些建筑物局部处理成仿古的廊心墙、角、脊、吻头等，或者整幢建筑物就是栋古建筑。由于古建筑的各部构造形态各异，而且有专门的名称、规格，有些节点只用图纸也无法表达清楚，必须有一定的实践知识才能看懂。

以上这些图纸，一般都不能从一张施工图中就可以直观地看懂和了解设计图意，而要将几张图纸联系起来看才能看懂。

所以，要看懂复杂的施工图，一是要多看图、看懂图，不能似懂非懂；二是要学习房屋构造知识和结构知识；再是多实践，在实践中多参加复杂建筑的施工操作，总结经验，了解房屋的内在关系。

砌筑工长要看懂与本工种有关的施工图，如墙体、砖石基础、挡土墙、砖石构筑物和砖砌体的细部构造，以及看懂与之相关的其他构造的图，如混合结构中的阳台、圈梁、过梁等，工业厂房中与砖墙相连的柱子、地梁等图纸。

2.2.2　如何看砖砌烟囱施工图

砖烟囱的施工图，根据烟囱的高度及所用材料的不同，图纸的张数也不同，一般由以下几方面的图纸组成：

烟囱外形图及剖面图——主要表示烟囱高度，断面尺寸变化，外壁坡度大小，各部位标高以及外形构造；

烟囱基础图——主要表示基础大小、直径、底标高、底板厚度等内容；

烟囱顶部构造图——表示顶部的一些附加件的构造与连接；

细部构造详图——主要标明一些细部的构造做法。

现以一座高 36m 的砖砌烟囱为例，分别从上述图纸的组成部分看其构造及各种尺寸关系。

(1) 外形图及剖面图(图 2-15)

从图 2-15 中可以看出以下几点：

1) 烟囱顶部标高为 36.00m，顶上设有爬梯、护身栏、扶手及避雷针。

2) 囱身外侧的三角形标志，表示囱身坡度为 2.5%。

3) 囱身中部标高 10.000m 及 24.000m "甲"、"乙"变截面处，标示了外壁和内衬的厚度及空隙间隔尺寸，也标示了变截面处圈梁的构造做法。

4) 囱身底部标示了烟道入口及灰口的位置及标高；烟囱四周有散水。

5) 囱身钢爬梯蹬的起始标高(2.000m)和间距尺寸(30cm)；还标示了囱身透气孔位置、尺寸和说明。

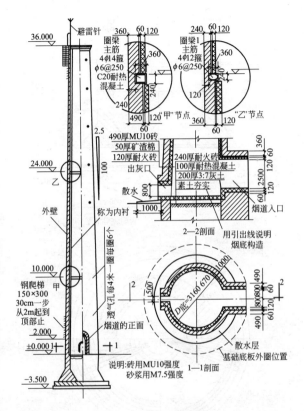

图 2-15 烟囱立、剖面图

6）平剖面图上标示了烟囱底部直径，入口和出灰口的宽、高尺寸，外壁和内衬的材料做法，以及烟囱底部的构造做法。

（2）基础图（图 2-16）

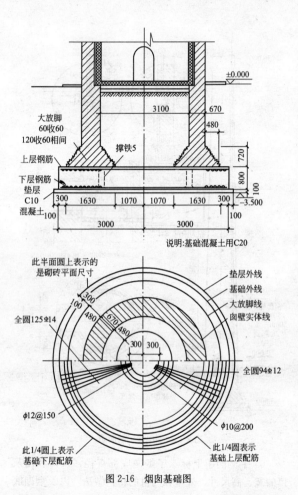

图 2-16 烟囱基础图

基础图是指地坪以下的那部分构造,包括底板、筒身、内部构造等。

从图 2-16 中可以看出以下几点：

1) 基底深度为 -3.50m，底部直径为 6.00m，底板厚度为 80cm，在底板底下还有 10cm 厚的混凝土垫层。

2) 垫层混凝土强度等级为 C10，底板为 C20。

3) 底板钢筋分两层布置：下部环向钢筋为 $\phi12$，间距 15cm，辐射钢筋全圆为 125 根，规格为 Φ14；上部环向钢筋为 $\phi10$，间距为 20cm，辐射钢筋全圆 94 根，规格为 Φ12；为了解决 80cm 厚度底板上下钢筋如何架空支设问题，在图上用虚线示意支撑，俗名叫撑铁，这项在正式施工图中不表示，而是由施工人员根据上部钢筋及施工荷载的情况来决定撑铁的规格和数量。

4) 筒身砖基础大放脚的收退，大放脚底部宽为 163cm，收退 8 次达到筒壁厚度为 67cm，并了解到大放脚的收退方法。

(3) 顶部构造(图 2-17)

囱顶构造图主要说明顶部的构造及附属件的安装和连接。

从图 2-17 可以看出以下几点：

1) 囱顶顶部圈梁的构造和做法。

2) 囱顶部的出檐线。

3) 扶手高为 1m，宽 36cm，用 $\phi22$ 钢筋制成，外端向下延长 2m 与砌在烟囱的爬梯蹬焊牢；里端生根在顶部圈梁内，因此在浇筑圈梁前要先安置好；避雷针可焊在扶手上。

4) 顶部护身栏为直径 80cm 圆形长筒式铁栅栏，环向钢筋用 $\phi12$，竖向用 3mm×30mm 的扁铁焊牢，并与砌入烟囱的爬梯蹬焊牢生根。

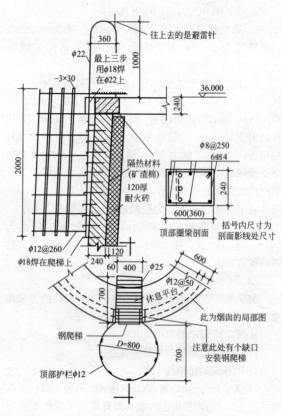

图 2-17 烟囱顶部构造图

5) 顶上还有一个长 70cm、宽 40cm 的钢筋栅式小平台。

(4) 烟道构造

从炉窑的出烟口到烟囱入烟口之间的那段输送烟气

的构筑物称为烟道。烟道的形式根据炉窑的不同，有地下的、半地下的和地上的三类，其构造示意如图 2-18 所示。

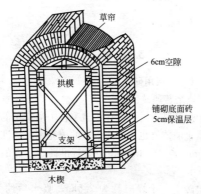

图 2-18 烟道示意图

从图 2-18 中可以看出，烟道顶为拱形，外壁为一砖厚，内衬为半砖厚，外壁与内衬之间有 6cm 的隔热空隙。拱形砌筑时先支拱胎模。当内衬砌完后在其顶上填放草帘两层约 6cm，作为外壁拱顶的底模，待烟道使用后烟火的温度可以把草帘烧尽，于是留出了 6cm 隔热空隙。在烟道底部的混凝土垫层上（待拱模拆除后）铺 5cm 炉渣，才可以再铺砌烟道底部的耐火砖，厚度可为半砖（侧砌）或 1/4 砖（平铺）。

3 材料与施工机具

3.1 材 料

3.1.1 砌筑用砖

(1) 烧结普通砖

其中烧结黏土砖是以往建筑工程中最常用的砖,广泛用于承重墙体,也用于非承重的填充墙。标准砖的尺寸为240mm×115mm×53mm。标准砖各个面的叫法如图3-1所示。

每块砖重,干燥时约为2.5kg,吸水后约为3kg。$1m^3$体积的砖约重1600~1800kg。

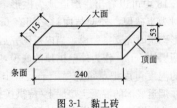

图 3-1 黏土砖

根据2005年国务院国发办(2005)33号文,以及我国墙体技术改革政策,黏土制品已明令禁用,代之以其他类型的普通砖和小型空心砌块。烧结多孔砖和烧结空心砖是烧结普通黏土砖的换代产品,其密度比普通黏土砖小,可节约土地25%~35%。

根据抗压强度,烧结普通砖分为MU30、MU25、

MU20、MU15、MU10 五个强度等级。

烧结普通砖的外形应该平整、方正。外观应无明显的弯曲、缺棱、掉角、裂缝等缺陷,敲击时发出清脆的金属声,色泽均匀一致。

(2) 烧结多孔砖

是以黏土、页岩、煤矸石为主要原料,经焙烧而成的,主要用于承重部位的多孔砖(以下简称砖),见图 3-2。

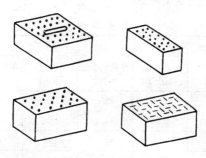

图 3-2 烧结多孔砖

多孔砖作为普通黏土砖的替代产品,由于其密度比普通黏土砖减少 15%～40%,可使建筑物自重减轻,同时,节约砂浆 15%～60%,提高施工工效 20%～50%,改善了墙体保温隔热性能。

1) 规格

① 砖的外形为直角六面体,其规格尺寸见表3-1。

规格尺寸(mm)　　　　表 3-1

代号	长	宽	高
M	190	190	90
P	240	115	90

② 砖的孔洞尺寸应符合表 3-2 的规定。

孔洞尺寸(mm)　　　　　　　　表 3-2

圆孔直径	非圆孔内切圆直径	手抓孔
≤22	≤15	(30～40)×(75～85)

2) 技术要求

强度等级见表 3-3。

强 度 等 级　　　　　　　　表 3-3

强度等级	抗压强度(MPa)		抗折荷重(kN)	
	平均值不小于	单块最小值不小于	平均值不小于	单块最小值不小于
30	30.0	22.0	13.5	9.0
25	25.0	18.0	11.5	7.5
20	20.0	14.0	9.5	6.0
15	15.0	10.0	7.5	4.5
10	10.0	6.0	5.5	3.0

3) 质量标准

烧结多孔砖的质量标准应符合《烧结多孔砖》GB 13544—2000 规定。

(3) 蒸压灰砂砖

是以石灰和砂为主要原料，经坯料制备、压制成型、蒸压养护而成的实心灰砂砖。灰砂砖不得用于长期受热 200℃ 以上、受急冷急热和有酸性介质侵蚀的建筑部位。

强度等级为 MU10 的砖仅可用于防潮层以上的建筑部位；MU15 以上的砖可用于基础及其他建筑部位。

砖的公称尺寸为：长240mm、宽115mm、高53mm。

1) 力学性能见表3-4。

灰砂砖力学性能 表3-4

强度级别	抗压强度(MPa)		抗折强度(MPa)	
	平均值不小于	单块值不小于	平均值不小于	单块值不小于
25	25.0	20.0	5.0	4.0
20	20.0	16.0	4.0	3.2
15	15.0	12.0	3.3	2.6
10	10.0	8.0	2.5	2.0

注：优等品的强度级别不得小于MU15。

2) 抗冻性见表3-5。

灰砂砖的抗冻性指标 表3-5

强度级别	抗压强度(N/mm²)平均值不小于	单块砖的干质量损失(%)不大于
25	20.0	2.0
20	16.0	2.0
15	12.0	2.0
10	8.0	2.0

注：优等品的强度级别不得小于15级。

(4) 粉煤灰砖

是以粉煤灰、石灰为主要原料，掺加适量石膏和骨料经坯料制备、压制成型、高压或常压蒸汽养护而成的实心粉煤灰砖。可用于工业与民用建筑的墙体和基础，但用于基础或用于易受冻融和干湿交替作用的建筑部位必须使用MU15及以上强度的一等砖与优等砖。但不得用于长期受热(200℃以上)、受急冷急热和有酸性介质侵蚀的建筑部位。

1) 规格：

砖的公称尺寸为：长240mm、宽115mm、高53mm。

2) 强度指标见表3-6。

粉煤灰砖强度指标 表3-6

强度级别	抗压强度(MPa)		抗折器度(MPa)	
	10块平均值不小于	单块值不小于	10块平均值不小于	单块值不小于
30	30.0	24.0	6.2	5.0
25	25.0	25.0	5.0	4.0
20	20.0	15.0	4.0	3.0
15	15.0	11.0	3.2	2.4
10	10.0	7.5	2.5	1.9

注：强度级别以蒸汽养护后一天的强度为准。

3) 抗冻性见表3-7。

粉煤灰砖抗冻性指标 表3-7

强度级别	抗压强度(MPa)平均值不小于	砖的干质量损失(%)单块值不大于
30	24.0	2.0
25	20.0	2.0
20	16.0	2.0
15	12.0	2.0
10	8.0	2.0

(5) 耐火砖

凡是能经受 1580℃ 以上高温的砖称为耐火砖。主要用于炉灶、烟道、烟囱等的内衬,按其形状和规格可以分为标准型和异形两大类。标准耐火砖的规格为 250mm×123mm×60mm 和 230mm×113mm×65mm 两种,异形砖按需要进行现场加工或由厂家加工供应。

耐火砖按其耐火程度可分为普通型(耐火程度为 1580~1770℃)和高级耐火砖(耐火程度为 1770~2000℃)两种。按其化学性能又可分为酸性、碱性和中性三种。

3.1.2 砌筑用砌块

(1) 普通混凝土小型空心砌块

普通混凝土小型空心砌块(以下简称砌块)。它是以水泥、砂、石等普通混凝土材料制成的混凝土砌块,空心率为 25%~50%,主要规格外形尺寸为 390mm×190mm×190mm。见图 3-3。

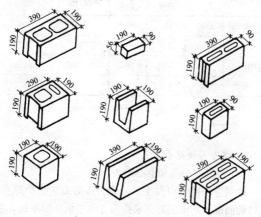

图 3-3 几种混凝土小型空心砌块

普通混凝土小型空心砌块的技术标准应符合《普通混凝土小型空心砌块》GB 8239—1997。

砌块分为单排孔砌块和多排孔砌块两种。

单排孔砌块为沿宽度方向只有一排孔的砌块,这种砌块具有较大的空心率和孔洞截面,上下贯通的孔洞可浇筑砌体中的钢筋混凝土芯柱。单排孔砌块自重较轻,且可建造清水砌块墙的建筑;缺点是保湿隔热性能较差,且易损坏。

多排孔砌块是沿宽度方向有双排或多排孔洞的砌块,通常为盲孔砌块,保湿隔热性能优于单排孔砌块,多用于我国南方地区。

1) 规格尺寸见表3-8。

混凝土小型空心砌块规格 表3-8

项 目	外型尺寸(mm)			最小壁肋厚度(mm)	空心率(%)
	长度	宽度	高度		
主砌块	390	190	190	30	50
辅助砌块	290	190	190	30	42.7
	190	190	190	30	43.2
	90	190	190	30	15

注:最小外壁厚应不小于30mm,最小肋厚应不小于25mm。

2) 强度等级见表3-9。

(2) 烧结空心砖和空心砌块

烧结空心砖是以黏土、页岩、煤矸石为主要原料,经焙烧而成的,砌筑时要求孔洞方向与承压面平行,主要用于非承重部位的空心砖,见图3-4。

强 度 等 级　　　　表3-9

强度等级	砌块抗压强度(MPa)	
	平均值不小于	单块最小值不小于
MU3.5	3.5	2.8
MU5.0	5.0	4.0
MU7.5	7.5	6.0
MU10.0	10.0	8.0
MU15.0	15.0	12.0
MU20.0	20.0	16.0

图 3-4　空心砖和空心砌块

1) 规格

长度有 240mm、290mm；宽度有 140mm、180mm、190mm；高度有 90mm、115mm。

2) 强度和密度

烧结空心砖根据其抗压强度分为 MU10、MU7.5、MU5.0、MU3.5 和 MU2.5 五个强度等级；表观密度分为 800、900、1000、1100 四个等级。

力学性能见表 3-10。

力 学 性 能　　　　表3-10

等 级	强度等级	大面抗压强度(MPa)		条面抗压强度(MPa)	
		平均值不小于	单块最小值不小于	平均值不小于	单块最小值不小于
优等品	5.0	5.0	3.7	3.4	2.3
一等品	3.0	3.0	2.2	2.2	1.4
合格品	2.0	2.0	1.4	1.6	0.9

3) 技术标准

烧结空心砖的技术性能和质量要求应符合《烧结空心砖和空心砌块》GB 13545—2003。

(3) 蒸压加气混凝土砌块

蒸压加气混凝土砌块是以水泥、石灰、砂、矿渣、粉煤灰、铝粉等为原料加工制造而成的砌块(以下简称砌块)。它有质轻、保温隔热、防火、可锯、能刨等优点,常用于民用与工业建筑物墙体和隔热部位,也常用于框架填充墙和刚性屋面的保温层。

1) 规格见表 3-11。

砌块的规格尺寸(mm)　　　表 3-11

砌块公称尺寸			砌块制作尺寸		
长度 L	宽度 B	高度 H	长度	宽度	高度
600	100 120 125 150 200 240 250 300	200 240 250 300	$L-10$	B	$H-10$

2) 抗压强度见表 3-12。

砌块的抗压强度　　　表 3-12

强度级别	立方体抗压强度(MPa)	
	平均值不小于	单块最小值不小于
A1.0	1.0	0.8
A2.0	2.0	1.6

续表

强度级别	立方体抗压强度(MPa)	
	平均值不小于	单块最小值不小于
A2.5	2.5	2.0
A3.5	3.5	2.8
A5.0	5.0	4.0
A7.5	7.5	6.0
A10.0	10.0	8.0

3）性能指标

加气混凝土砌块性能指标应符合《蒸压加气混凝土砌块》GB/T 11968—2006。

（4）石膏砌块

以熟石膏为主要原料，经料浆拌合、浇筑成型、自然干燥或烘干等工艺制成的一种轻质隔墙材料。具有可锯、钉、钻和易加工等特点，墙面平整光滑，不用抹灰。其强度一般大于 $5N/mm^2$，主要规格为 660mm×500mm×(60～120)mm。主要用于框架结构和其他建筑结构的非承重墙体，多用于内隔墙。

用石膏砌块砌筑墙体，可用石膏胶泥砌筑，它是由98%的熟石膏粉及2%的添加剂组成。

石膏砌块在长期使用期间，不会释放有害气体，无放射性和重金属危害，安全、防水、保温隔热、节约能源，是典型的绿色环保建材。

3.1.3 砌筑用石材

（1）石材的分类

从天然岩层中开采而得的毛料和经过加工成块状、

板状的石料统称为石材。既可以作为承重结构使用,也可以作为装饰材料。

由于产地的不同,石材的性能有很大的差异。一般应选用未风化石材并经过试验才能用于承重结构。

1) 毛石

毛石是由人工采用撬凿法和爆破法开采出来的不规格石块。一般要求在一个方向有较平整的面,中部厚度不小于 150mm,每块毛石重约 20~30kg。在砌筑工程中一般用于基础、挡土墙、护坡、堤坝和墙体。

2) 粗料石

粗料石亦称块石,形状比毛石整齐,具有近乎规则的六个面,是经过粗加工而得的成品。在砌筑工程中用于基础、房屋勒脚和毛石砌体的转角部位,或单独砌筑墙体。

3) 细料石

它是经过选择后,再经人工打凿和琢磨而成的成品。

(2) 石材的技术性能

石材的强度等级分为 MU100、MU80、MU60、MU50、MU40、MU30 和 MU20 七级。

石材的性能见表 3-13。

石材的性能 表 3-13

石材名称	密度(kg/m³)	抗压强度(MPa)
花岗岩	2500~2700	120~250
石灰岩	1800~2600	22~140
砂 岩	2400~2600	47~140

3.1.4 砌筑砂浆

(1) 砌筑砂浆的作用和种类

1) 作用

砌筑砂浆是把单个的砖块、石块或砌块组合成砌体的胶结材料，同时又是填充块体之间缝隙的填充材料。由于砌体受力的不同和块体材料的不同，因此要选择不同的砂浆进行砌筑。所以砌筑砂浆应具备一定的强度、粘结力和工作度(或叫流动性、稠度)。

2) 种类

砌筑砂浆是由骨料、胶结料、掺合料或外加剂组成。

砌筑砂浆一般分为水泥砂浆、混合砂浆、石灰砂浆三类。

① 水泥砂浆：水泥砂浆是由水泥和砂子按一定比例混合搅拌而成，它可以配制强度较高的砂浆。水泥砂浆一般应用于基础、长期受水浸泡的地下室和承受较大外力的砌体。

② 混合砂浆：混合砂浆一般由水泥、石灰膏、砂子拌合而成。一般用于地面以上的砌体，也适用于承受外力不大的砌体。混合砂浆由于它加入了石灰膏，改善了砂浆的和易性，操作起来比较方便，有利于砌体密实度和工效的提高。

③ 石灰砂浆：它是由石灰膏和砂子按一定比例搅拌而成的砂浆，完全靠石灰的气硬性而获得强度。强度等级一般可达到 M0.4~M1。

④ 其他砂浆

A. 防水砂浆：在水泥砂浆中加入 3%~5% 的防水剂制成防水砂浆。防水砂浆应用于需要防水的砌体(如地下室墙、砖砌水池、化粪池等),也广泛用于房屋的防潮层。

B. 嵌缝砂浆:一般使用水泥砂浆,也有用白灰砂浆的。其主要特点是砂子必须采用细砂或特细砂,以利于勾缝。

C. 聚合物砂浆:它是一种掺入一定量高分子聚合物的砂浆,一般用于有特殊要求的砌筑物。

(2) 砌筑砂浆材料

1) 水泥

① 水泥的种类:常用的水泥有硅酸盐水泥、普通硅酸盐水泥(简称普通水泥)、矿渣硅酸盐水泥(简称矿渣水泥)、火山灰质硅酸盐水泥(简称火山灰水泥)、粉煤灰硅酸盐水泥(简称粉煤灰水泥)。此外,还有特殊功能的水泥,如高强、快硬、耐酸、耐热、耐膨胀等不同性质的水泥以及装饰用的白水泥等。

② 水泥强度等级:水泥强度等级按规定龄期的抗压强度和抗折强度来划分,以 28d 龄期抗压强度为主要依据。水泥强度等级可分为 32.5、42.5、52.5 和 62.5 等几种。

③ 水泥的特性:水泥具有与水结合而硬化的特点,它不但能在空气中硬化,还能在水中硬化,并继续增长强度,因此,水泥属于水硬性胶结材料。水泥加水调成可塑浆状,经过一段时间后,由于本身的物理、化学变化,逐渐变稠,失去塑性,称为水泥的初凝;完全失去塑性开始具有强度时,称为水泥的终凝。

国家标准规定,水泥初凝时间不少于 45min,终凝时间除硅酸盐水泥不得迟于 6.5h 外,其他均不大于 10h。

④ 水泥的保管：水泥属于水硬性材料，必须妥善保管，不得淋雨受潮。储存时间一般不宜超过 3 个月。超过 3 个月的水泥（快硬硅酸盐水泥为 1 个月），必须重新取样送验，待确定强度等级后再使用。

对于不同品种牌号的水泥要分别堆放，并不得混用。水泥堆放高度不宜超过 10 包。对于散装水泥要做好储存到仓，并有防水、防潮措施。要做到随来随用，不宜久存。

2) 砂子

砂子是岩石风化后的产物，由不同粒径混合组成。按产地可分为山砂、河砂、海砂几种；按平均粒径可分为粗砂、中砂、细砂三种。粗砂平均粒径不小于 0.5mm（细度模数 $\mu_f=3.1\sim3.7$），中砂平均粒径为 $0.35\sim0.5$mm（细度模数 $\mu_f=2.3\sim3.0$），细砂平均粒径为 $0.25\sim0.35$mm（细度模数 $\mu_f=1.6\sim2.2$），还有特细砂平均粒径约为 0.25mm 以下。

对于水泥砂浆和强度等级等于或大于 M5 的水泥混合砂浆，砂的含泥量不超过 5%；在 M5 以下的水泥混合砂浆的含泥量不超过 10%。对于含泥量较高的砂子，在使用前应过筛和用水冲洗干净。

砌筑砂浆以使用中砂为好；粗砂的砂浆和易性差，不便于操作；细砂的砂浆强度较低，一般用于勾缝。

3) 塑化材料

为改善砂浆和易性可采用塑化材料。施工中常用的塑化材料有石灰膏、电石膏、粉煤灰及外加剂。

① 石灰膏：生石灰经过熟化，用孔洞不大于 3mm×3mm 网滤渣后，储存在石灰池内，沉淀 14d 以上；磨细生石灰粉，其熟化时间不少于 1d。经充分熟化后即

成为可用的石灰膏。在混合砂浆中,石灰膏有增加砂浆和易性的作用,使用时必须按规定的配合比配制,如果掺量过多会降低砂浆的强度。严禁使用脱水硬化的石灰膏。

② 电石膏:电石原属工业废料,水化后形成青灰色乳浆,经过泌水和去渣后就可使用,其作用同石灰膏。电石应进行 20min 加热至 70℃ 检验,无乙炔气味时方可使用。

③ 粉煤灰:粉煤灰是电厂排出的废料。在砌筑砂浆中掺入一定量的粉煤灰,可以增加砂浆的和易性。粉煤灰有一定的活性,因此能节约水泥,但塑化性不如石灰膏和电石膏。

④ 外加剂:外加剂在砌筑砂浆中起改善砂浆性能的作用,一般有塑化剂、抗冻剂、早强剂、防水剂等。为了提高砂浆的塑性和改善砂浆的保水性,常掺加微沫剂。微沫剂的一般掺量为水泥重的 0.05‰,它可以取代砂浆中的部分石灰膏。

冬期施工时,为了增大砂浆的抗冻性,一般在砂浆中掺入抗冻剂。抗冻剂有亚硝酸钠、三乙醇胺、氯盐等多种,而最简便易行的则为氯化钠——食盐。掺入食盐可以降低拌合水的冰点,起到抗冻作用。食盐掺量见表 3-14。

氯盐砂浆的掺盐量(占用水量的%) 表 3-14

盐及砌体材料种类			日最低气温(℃)			
			≥-10	-11~-15	-16~-20	<-20
单盐	氯化钠	砖、砌块	3	5	7	—
		石	4	7	10	—

续表

盐及砌体材料种类		日最低气温(℃)			
		≥−10	−11～−15	−16～−20	<−20
双盐	氯化钠	砖、砌块	—	—	5	7
	氯化钙		—	—	2	3

注：1. 掺盐量以无水氯化钠和氯化钙确定。

2. 氯化钠和氯化钙溶液的相对密度与含量关系可按表3-15换算。

3. 为有可靠试验依据，也可适当增减盐类的掺量。

4. 日最低气温低于−20℃时，不宜砌石。

氯化钙与氯化钙溶液的相对密度与含量的关系　　表3-15

15℃时溶液相对密度	无水氯化钠含量(kg)		15℃时溶液相对密度	无水氯化钙含量(kg)	
	1dm³溶液中	1kg溶液中		1dm³溶液中	1kg溶液中
1.02	0.029	0.029	1.02	0.025	0.025
1.03	0.044	0.043	1.03	0.037	0.036
1.04	0.058	0.056	1.04	0.050	0.048
1.05	0.073	0.070	1.05	0.062	0.059
1.06	0.088	0.083	1.06	0.075	0.071
1.07	0.103	0.096	1.07	0.089	0.084
1.08	0.119	0.110	1.08	0.102	0.094
1.09	0.134	0.122	1.09	0.114	0.105
1.10	0.149	0.136	1.10	0.126	0.115
1.11	0.165	0.149	1.11	0.140	0.126
1.12	0.181	0.162	1.12	0.153	0.137
1.13	0.198	0.175	1.13	0.166	0.147

续表

15℃时溶液相对密度	无水氯化钠含量(kg)		15℃时溶液相对密度	无水氯化钙含量(kg)	
	1dm³溶液中	1kg溶液中		1dm³溶液中	1kg溶液中
1.14	0.214	0.188	1.14	0.180	0.158
1.15	0.230	0.200	1.15	0.193	0.168
1.16	0.246	0.212	1.16	0.206	0.178
1.17	0.263	0.224	1.17	0.221	0.189
1.175	0.271	0.231	1.18	0.236	0.199
			1.19	0.249	0.209
			1.20	0.263	0.219
			1.21	0.276	0.228
			1.22	0.290	0.238

注：相对密度即比重。

为了提高砂浆的防水能力，一般在水泥砂浆中掺入3%～5%的防水剂制成防水砂浆。防水剂应先与水拌匀，再加入到水泥和砂的混合物中去，这样可以达到均匀的目的。

4）拌合用水：拌合砂浆应采用自来水或天然洁净可供饮用的水，不得使用含有油脂类物质、糖类物质、酸性或碱性物质和经工业污染的水。拌合水的pH值应不小于7。

(3) 砂浆的配制

1）砂浆的配合比应采用重量比，配合比应事先通过试配确定。

水泥、有机塑化剂和冬期施工中掺用的氯盐等的配料准确度应控制在±2%以内；砂、水及石灰膏、电石膏、黏土膏、粉煤灰、磨细生石灰粉等组分的配料精确度应控制在±5%范围内。砂应计入其含水量对配料的影响。

2)水泥砂浆的最少水泥用量不宜小于200kg/m³。

3)当砂浆的组成材料有变更时,其配合比应重新确定。

4)掺用有机塑化剂的砂浆,必须采用机械搅拌。搅拌时间,自投料完算起为3~5min。

5)砂浆应随拌随用。水泥砂浆和水泥混合砂浆必须分别在拌成后3h和4h内使用完毕;当施工期间最高气温超过30℃时,必须分别在拌成后2h和3h内使用完毕。

如砂浆出现泌水现象,应在砌筑前再次拌合。

(4)砂浆的技术要求

1)流动性

流动性也叫稠度,是指砂浆稀稠程度。

砖砌体的砂浆稠度见表3-16。

砌筑砂浆的稠度 表3-16

砌 体 种 类	砂浆稠度(mm)
烧结普通砖砌体	70~90
轻骨料混凝土小型空心砌块砌体	60~90
烧结多孔砖、空心砖砌体	60~80
烧结普通砖平拱式过梁 空斗墙、筒拱 普通混凝土小型空心砌块砌体 加气混凝土砌块砌体	50~70
石砌体	30~50

2)保水性

砂浆的保水性,是指砂浆从搅拌机出料后到使用在砌体上，砂浆中的水和胶结料以及骨料之间分离的快慢程度。分离快的保水性差，分离慢的保水性好。保水性与砂浆的组分配合、砂子的粗细程度和密实度等有关。一般说来，石灰砂浆的保水性比较好，混合砂浆次之，水泥砂浆较差。远距离的运输也容易引起砂浆的离析。所以，在砂浆中添加微沫剂是改善保水性的有效措施。

3) 强度

强度是砂浆的主要指标，其数值与砌体的强度有直接关系。

砂浆强度等级分为 M15、M10、M7.5、M5、M2.5 五个等级，其抗压强度值见表 3-17。

砌筑砂浆强度等级 表 3-17

强度等级	龄期 28d 抗压强度(MPa)	
	各组平均值不小于	最小一组平均值不小于
M15	15	11.25
M10	10	7.5
M7.5	7.5	5.63
M5	5	3.75
M2.5	2.5	1.88

(5) 影响砂浆强度的因素

1) 配合比

配合比是指砂浆中各种原材料的比例组合，一般由实验室提供。配合比应严格计量，要求每种材料均经过磅秤称量才能进入搅拌机。材料计量要求的精度为：水泥和有机塑化剂应在 ±2% 以内；砂、石灰膏或磨细生石灰粉应在 ±5% 以内；水的加入量主要靠稠度来控制。

2) 原材料

原材料的各种技术性能必须经过实验室测试检定，不合格的材料不得使用。

3) 搅拌时间

砂浆必须经过充分的搅拌，使水泥、石灰膏、砂子等成为一个均匀的混合体。一般要求水泥砂浆和水泥混合砂浆在搅拌机内的搅拌时间不得少于2min；水泥粉煤灰砂浆和掺用外加剂砂浆，搅拌不少于3min。

4) 养护时间和温湿度

砂浆与砖砌成的砌体，要经过一段时间的养护才能获得强度。在养护期间要有一定的温度才能使水泥硬化。

养护时还应有一定的湿度。干燥和高温容易使砂浆脱水，不仅影响早期强度，而且影响砂浆的终期强度。所以在干燥和高温的条件下，除了应充分拌匀砂浆和对砖充分浇水润湿外，还应对砌体适时浇水养护，以保证砂浆不致因脱水而降低强度。

(6) 砌筑砂浆的拌制

1) 原材料必须符合要求，而且具备完整的测试数据和书面材料。若利用质量较次的材料时，应有可靠的技术措施。

2) 砂浆一般采用机械搅拌，如果采用人工搅拌时，宜将石灰膏先化成石灰浆，水泥和砂子干拌均匀后，加入石灰浆中，最后用水调整稠度，翻拌3～4遍，直至色泽均匀，稠度一致，没有疙瘩为合格。

3) 砂浆配合比应用指示牌(图3-5)将各种材料的用

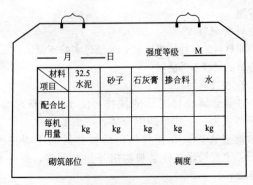

图 3-5 砂浆配合比指示牌

量和配合比公布在搅拌机上料处。这样可以使操作者按计量操作,也便于监督检查。

4) 砌筑砂浆拌制好以后,应及时送到作业地点,要做到随拌随用。一般应在 2h 之内用完,气温低于 10℃时可延长至 3h,但气温达到冬期施工条件时,应按冬期施工的有关规定执行。

3.1.5 瓦及排水管材

(1) 瓦

瓦是目前铺盖于坡屋面上作防水用的传统材料。因为屋面是以散块瓦拼合组成,所以能有效地消除温度变化而引起的变形。

1) 黏土平瓦

黏土平瓦是用塑性较好的黏土加水搅拌压制成型,经过晾干,送入窑中焙烧而成。

① 平瓦常用尺寸为 400mm 长、240mm 宽、14mm 厚。每片瓦的干重约为 3kg,分红、青两种颜色。黏土平瓦的形状如图 3-6 所示。

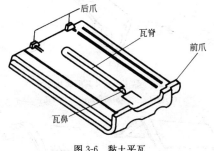

图 3-6 黏土平瓦

② 黏土平瓦的吸水率一般在 10% 左右。

③ 瓦爪的有效高度不应小于 5mm，瓦槽深度不应小于 10mm，边筋高度不得低于 3mm，头尾搭接处长度一般为 50~70mm，内外槽搭接处长度为 25~40mm。表面应光洁、无翘曲，也不应有变形、砂眼和贯穿的小裂缝。

④ 一批瓦中不得混入欠火瓦块（色泽不均匀、敲击无金属声的是欠火瓦块），也不应有爪筋等疏松和脱落的现象。

2) 黏土小瓦

黏土小瓦俗称蝴蝶瓦、阴阳瓦和合瓦、小青瓦等，是我国传统的屋面防水覆盖材料。小瓦为弧形片状物，其规格尺寸各地不一，大致长度为 170~200mm，宽度为 130~180mm，厚度为 10~15mm。与之相配合的还有盖瓦和檐口滴水瓦等（图 3-7）。

3) 脊瓦

脊瓦是与黏土平瓦配合使用的黏土瓦，专门用来铺盖屋脊。其长度一般为 400mm，宽度为 250mm。有三角形断面与半圆形断面两种，每张瓦干重约 3kg。其形状见图 3-8。

图 3-7 黏土小瓦及其配套瓦片
(a)檐口盖瓦；(b)滴水瓦；(c)小青瓦

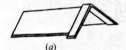 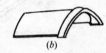

图 3-8 脊瓦
(a)三角形；(b)圆形

4) 筒瓦

筒瓦是我国古代建筑屋面的覆盖材料。

筒瓦由黏土制成，呈青灰色，有盖瓦和底瓦两种，用于檐口的还有带滴水的底瓦和带勾头的盖瓦(图 3-9)。

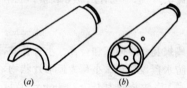

图 3-9 筒瓦
(a)筒瓦；(b)勾头；(c)滴水

筒瓦的底瓦形状与小青瓦相似，尺寸一般为 270~320mm 长，小口宽 70~112mm；大口宽 112~160mm。盖瓦为半圆形，共有四种型号：300mm×175mm，300mm×150mm，250mm×150mm，350mm×100mm。滴水尺寸为(285~345)mm×(208~250)mm。

5)其他

①水泥瓦:分平瓦与脊瓦两种,是用水泥加砂配制,经机械加工成型,养护硬化而成。其外形基本与黏土平瓦相似,质脆易碎。

②石板瓦:用天然岩石经加工劈成薄片瓦状的一种屋面覆盖材料,具有良好的不透水性、抗冻性和耐火性,抗折强度也很好,外形有长方、正方、菱形等,自重较大。在石料产区可就地取材、加工,运输也较便利,故采用石板瓦覆盖屋面较为普遍。

③波形瓦:综合了传统小青瓦和黏土平瓦的特点,具有小青瓦的小型、平瓦的不弯曲两个特点。它是由陶土烧制加工而成,面上有波纹,用于装饰性斜屋面上,形状见图3-10。

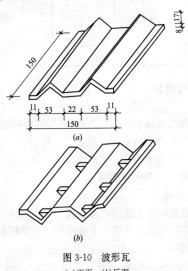

图 3-10 波形瓦
(a)正面;(b)反面

（2）排水管材

1）水泥管

水泥管是以水泥砂浆或细石混凝土经压制或离心法成型的圆形管子。

水泥管的规格尺寸见表 3-18。

水泥管规格表（mm）　　表 3-18

无筋管			轻型钢筋混凝土管			重型钢筋混凝土管		
长度	内径	壁厚	长度	内径	壁厚	长度	内径	壁厚
1000	75～150	25	2000	100～150	25	2000	300	58
	200	27		200	27		350	60
	250	33		250	28		400	60
	350	50		300	30		500	75
	400	60		350	33		600	80
	450	67		400	35		750	90
				500	42			

建筑物的排水管，当设计无规定时，一般选用轻型管。

水泥管有较好的耐久性，有一定的抗腐蚀能力，价格便宜；但缺点是自重大、质脆、容易损坏。水泥管应表面平滑，混凝土密实，无蜂窝麻面，不渗水。接头处不能缺棱掉面，圆度应准确。

2）缸瓦管

缸瓦管是以陶土烧制，表面施釉，有较强的耐碱性和耐酸性。缸瓦管有直管、十字接头、丁字接头、45°～90°弯头等多种零配件(图 3-11)。内径一般为 50～400mm，管长多在 300～1000mm，壁厚一般为 15～30mm。

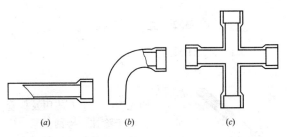

图 3-11 缸瓦管
(a)直管；(b)90°弯头；(c)十字接头

缸瓦管有一定的硬度和强度，但比钢筋混凝土管更脆，受到冲击和碰撞容易损坏。一般以涂釉均匀、无漏釉、无裂缝、敲击时能发出清脆的金属声音者为好。规格上要求圆径正确、直管平直、弯头尺寸正确。

(3) 其他

1) 钢筋

由于建筑物抗震设防的要求，砌体内采用了加拉结筋的构造措施，有些建筑使用钢筋砖过梁，这些都用到了钢筋。

砌体内使用的钢筋一般为 $\phi 6mm$ 的和 $\phi 8mm$ 的，而且一般采用 HPB235 级钢筋。

2) 木砖

由于固定木门窗、装饰条等的需要，砌体内常在樘子口、平顶上口及其他部位设置木砖。

木砖一般用松木制成，规格相当于一块砖或半块砖大小，经浸渍柏油或石油沥青冷底子油而进行防腐处理后使用。

3.2 施工机具

3.2.1 常用工具

(1) 小型工具

1) 瓦刀

图 3-12 瓦刀

又叫泥刀,是个人使用及保管的工具。用于涂抹、摊铺砂浆、砍削砖块、打灰条及发券。其形状见图 3-12。

2) 大铲

用于铲灰、铺灰和刮浆的工具,也可以在操作中用它随时调和砂浆。它是实施"三一"(一铲灰、一块砖、一揉挤)砌筑法的关键工具,见图 3-13。

图 3-13 大铲
(a)桃形大铲;(b)长三角形大铲;(c)长方形大铲

3) 刨镩

用以打砍砖块的工具,也可当作小锤与大铲配合使用。其形状见图 3-14。

4) 手锤

俗称小锒头,作敲凿石料和开凿异形砖之用,形状见图 3-15。

图 3-14 刨锛

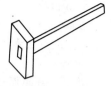
图 3-15 手锤

5)钢凿

又叫錾子,可用 45 号或 60 号钢锻造。一般直径为 20~28mm,长 150~250mm。与小锤配合用于打凿石料,开剖异形砖等。其端部有尖头和扁头两种(图 3-16)。

6)摊灰尺

用不易变形的木材制成。操作时放在墙上作为控制灰缝及铺砂浆用(图 3-17)。

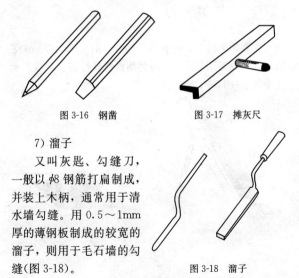

图 3-16 钢凿　　图 3-17 摊灰尺

7)溜子

又叫灰匙、勾缝刀,一般以 $\phi 8$ 钢筋打扁制成,并装上木柄,通常用于清水墙勾缝。用 0.5~1mm 厚的薄钢板制成的较宽的溜子,则用于毛石墙的勾缝(图 3-18)。

图 3-18 溜子

8) 灰板

又叫托灰板,用不易变形的木材制成。在勾缝时,用它承托砂浆(图3-19)。

9) 抿子

用0.8～1mm厚的钢板制成,并铆上执手安装木柄成为工具。可用于石墙的抹缝、勾缝(图3-20)。

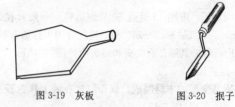

图3-19 灰板　　　　图3-20 抿子

(2) 其他工具

1) 筛子

主要用来筛砂。筛孔直径有4mm、6mm、8mm等数种。勾缝需用细砂时,可利用铁窗纱钉在小木框上制成小筛子(图3-21)。

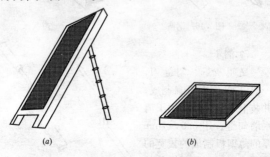

图3-21 筛子
(a)立筛;(b)小方筛

2) 铁锹

又称铁锨,分为尖头和方头两种,用于挖土、装车、筛砂等工作。市场上有成品出售(图 3-22)。

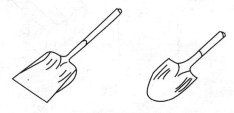

图 3-22 铁锹

3) 手推车

容量约 0.12m³,轮轴总宽度应小于 900mm,以便于通过室内门洞口。用于运输砂浆、砖和其他散装材料(图 3-23)。

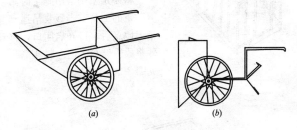

图 3-23 手推车
(a)元宝车;(b)翻斗车

4) 砖夹

施工单位自制的夹砖工具。可用 $\phi16$ 钢筋锻造,一次可以夹起 4 块标准砖,用于装卸砖块。砖夹形状见图3-24。

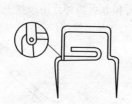
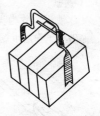

图 3-24　砖夹

5) 砖笼

砖笼是采用塔吊施工时吊运砖块的工具。砖笼的形状见图 3-25。

6) 料斗

料斗是采用塔吊施工时吊运砂浆的工具。当砂浆吊运到指定地点后,打开启闭口,将砂浆放入储灰槽内。料斗形状见图 3-26。

图 3-25　砖笼

7) 灰槽

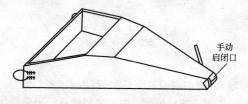

图 3-26　料斗

用1~2mm厚的黑铁皮制成，供砖瓦工存放砂浆用。灰槽形状见图3-27。

8) 其他

如橡皮水管(内径φ25)、大水桶、灰镐、灰勺、钢丝刷及笤帚等，见图3-28。

图3-27 灰槽

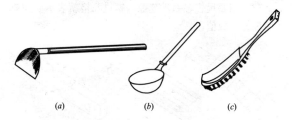

图3-28 灰镐、灰勺、钢丝刷
(a)灰镐；(b)灰勺；(c)钢丝刷

3.2.2 质量检测工具

(1) 钢卷尺

有1m、2m、3m及30m、50m等几种规格。砖瓦工操作宜选用2m的钢卷尺。钢卷尺应选用有生产许可证的厂家生产的。钢卷尺主要用来量测轴线尺寸、位置及墙长、墙厚，还有门窗洞口的尺寸、留洞位置尺寸等等。

(2) 托线板

又称靠尺板，用于检查墙面垂直和平整度。由施工单位用木材自制，长1.2~1.5m；也有铝制商品，见图3-29。

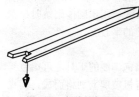

图3-29 托线板与线锤

(3) 线锤

吊挂垂直度用,主要与托线板配合使用,见图3-29。

(4) 塞尺

塞尺与托线板配合使用,以测定墙、柱的垂直、平整度的偏差。塞尺上每一格表示厚度方向1mm(图3-30)。使用时,托线板一侧紧贴于墙或柱面上,由于墙或柱面本身的平整度不够,必然与托线板产生一定的缝隙,用塞尺轻轻塞进缝隙,塞进几格就表示墙面或柱面偏差的数值。

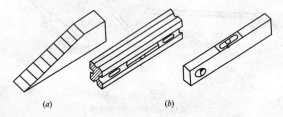

图 3-30 塞尺和水平尺
(a)塞尺;(b)水平尺

(5) 水平尺

用铁和铝合金制成,中间镶嵌玻璃水准管,用来检查砌体对水平位置的偏差(图3-30)。

(6) 准线

它是砌墙时拉的细线。一般使用直径为0.5~1mm的小白线、麻线、尼龙线或弦线,用于砌体砌筑时拉水平用;另外也用来检查水平缝的平直度。

(7) 百格网

用于检查砌体水平缝砂浆饱满度的工具。可用镀锌钢丝编制锡焊而成,也有在有机玻璃上划格而成,其规格为一块标准砖的大面尺寸。将其长宽方向各分成10

格,画成 100 个小格,故称百格网(图 3-31)。

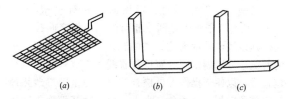

图 3-31 百格网和方尺
(a)百格网;(b)阴角方尺;(c)阳角方尺

(8)方尺

用木材制成边长为 200mm 的直角尺,有阴角和阳角两种,分别用于检查砌体转角的方整程度。方尺形状如图 3-31 所示。

(9)龙门板

龙门板是在房屋定位放线后,砌筑时定轴线、中心线的标准(图 3-32)。施工定位时一般要求板顶面的高程

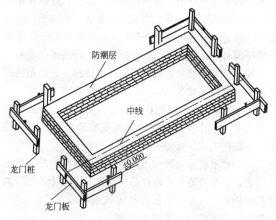

图 3-32 龙门板

即为建筑物的相对标高±0.000。在板上划出轴线位置，以画"中"字示意，板顶面还要钉一根20～25mm长的钉子。当在两个相对的龙门板之间拉上准线，则该线就表示为建筑物的轴线。有的在"中"字的两侧还分别划出墙身宽度位置线和大放脚排底宽度位置线，以便于操作人员检查核对。施工中严禁碰撞和踩踏龙门板，也不允许坐人。建筑物基础施工完毕后，把轴线标高等标志引测到基础墙上后，方可拆除龙门板、桩。

(10) 皮数杆

皮数杆是砌筑砌体在高度方向的基准。皮数杆分为基础用和地上用两种。

基础用皮数杆比较简单，一般使用30mm×30mm的小木杆，由现场施工员绘制。一般在进行条形基础施工时，先在要立皮数杆的地方预埋一根小木桩，到砌筑基础墙时，将画好的皮数杆钉到小木桩上。皮数杆顶应高出防潮层的位置，杆上要画出砖皮数、地圈梁、防潮层等的位置，并标出高度和厚度。皮数杆上的砖层还要按顺序编号。画到防潮层底的标高处，砖层必须是整皮数。如果条形基础垫层表面不平，可以在一开始砌砖时就用细石混凝土找平。

±0.000以上的皮数杆，也称为大皮数杆。一般由施工人员经计算排画，经质量人员检验合格后方可使用。皮数杆的设置，要根据房屋大小和平面复杂程度而定，一般要求转角处和施工段分界处设立皮数杆。当为一道通长的墙身时，皮数杆的间距要求不大于20m。如果房屋构造比较复杂，皮数杆应该编号，并对号入座。皮数杆四个面的画法见图3-33所示。

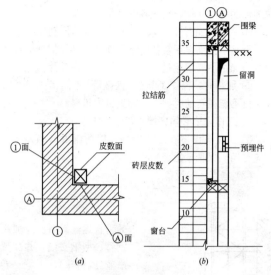

图 3-33 皮数杆
(a)皮数杆平面位置;(b)皮数杆展开图

3.2.3 常用机具

(1) 砂浆搅拌机

砂浆搅拌机是砌筑工程中的常用机械,用来制备砌筑和抹灰用的砂浆。常用规格是 $0.2m^3$ 和 $0.325m^3$,台班产量为 18～26m^3。

操作要求:

① 机械安装应平稳、牢固,地基应夯实、平整。

② 移动式砂浆搅拌机的安装,其行走轮应离开地面,机座要高出地面一定距离,以便于出料。

③ 开机前应先检查电气设备的绝缘和接地是否良好,皮带轮和齿轮必须有防护罩。并对机械需润滑的部

位加油润滑,并检查机械各部件是否正常。

④ 工作时先空载转动1min,检查其传动装置工作是否正常,在确保正常状态下再加料搅拌。搅拌时要边加料边加水,要避免过大粒径的颗粒卡住叶片。

⑤ 加料时,操作工具(如铁锹等)不能碰撞搅拌叶片,更不能在转动时把工具伸进机内扒料。

⑥ 工作完毕必须把搅拌机清洗干净。

⑦ 机器应设置在工作棚内,以防雨淋日晒,冬期还应有挡风保暖设施。

(2) 垂直运输设备

1) 井架

为多层建筑施工常用的垂直运输设备。一般用钢管、型钢支设,并配置吊篮(或料斗)、天梁、卷扬机,形成垂直运输系统。井架基础一般要埋在一定厚度的混凝土底板内,底板中预埋螺栓,与井架底盘连接固定。井架的顶端、中部应按规定设置数道缆风绳,以保证井架的稳定(图3-34)。

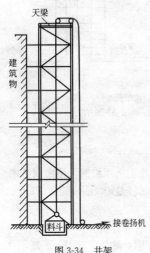

图3-34 井架

2) 龙门架

由两根立杆和横梁构成。立杆由角钢或 $\phi200 \sim \phi250$ 的钢管组成,配上吊篮用于材料的垂直运输。

由于龙门架的吊篮突出在立杆以外,所以要求吊篮周围必须设有护身栏,同时在立管上制作悬臂角钢支架,配上滚杠,作为吊篮到达使用层时临时搁放的安全装置(图 3-35)。

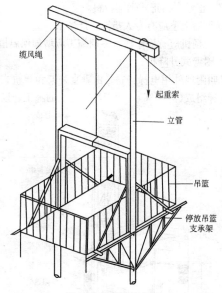

图 3-35 钢管式龙门架

3)卷扬机

卷扬机是升降井架和龙门架上吊篮的动力装置。

卷扬机按其运转速度可分为快速和慢速两种,快速卷扬机又可分为单筒和双筒两种。快速卷扬机钢丝绳的牵引速度为 25~50m/min;慢速卷扬机为单筒式,钢丝绳的牵引速度为 7~13m/min。

使用卷扬机的注意事项:

① 要由专门的机械操作工操作。安装后要进行试运转,经设备及安全部门验收合格后方可正式使用。

② 要由专业电工安装电器设施,并做好避雷接地。

③ 每天上班必须先检查各润滑和传动部分,先开"空车",正常后再正式运输材料。

④ 吊篮上下应有专人指挥,严禁乘人。

⑤ 卷扬机应有操作棚,冬期施工应增加保温措施。

4) 附壁式升降机

又叫附墙外用电梯。它是由垂直井架和导轨式外用笼式电梯组成(图 3-36),用于高层建筑的施工。该设备

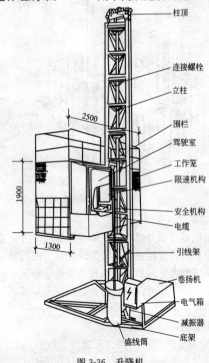

图 3-36 升降机

除载运工具和物料外,还可乘人上下,架设安装比较方便,操作简单,使用安全。

5) 塔式起重机

塔式起重机俗称塔吊。它是由竖直塔身、起重臂、平衡臂、基座、平衡座、卷扬机及电气设备组成的较庞大的机器。由于它具有能回转360°及较高的起重高度,形成了一个很大的工作空间,是垂直运输机械中工作效能较好的设备。塔式起重机有固定式和行走式两类。

3.2.4 砌块施工专用机具

砌筑砌块墙体时,一般配备塔吊施工。

(1) 夹具

夹具主要用于砌筑砌体,是夹取砌块进行安装和就位的工具。夹具分单块夹和多块夹两种(图3-37)。

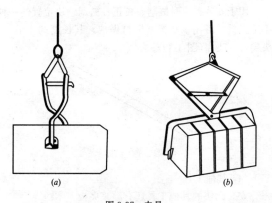

图 3-37 夹具
(a)单块夹;(b)多块夹

(2) 索具

索具是用来吊装体积较大和质量较重的砌块的一种

工具，如图 3-38 所示。

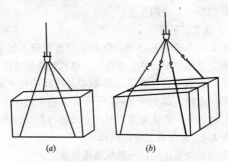

图 3-38 索具
(a)单块索；(b)多块索

(3) 撬棒

用于安装砌块时撬动、校正、微调砌块位置的一种手工工具。可用 φ20 钢材锻打做成，其长度约 1m，一头尖，一头扁(图 3-39)。

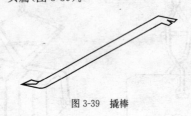

图 3-39 撬棒

(4) 其他工具

安装砌块的其他工具还有灌浆夹板、木锤等。

3.2.5 脚手架

脚手架是砌筑工程的辅助工具。按搭设位置可分为外脚手架和里脚手架；按使用材料可分为木脚手架、竹脚手架和金属脚手架；按构造形式可分为立杆式、框式、吊挂式、悬挑式、工具式等多种。立杆式使用最为普遍。立杆式脚手架一般用于外墙，按立杆排数不同又可分成单排的和双排的。双排脚手架，除与墙有一定的拉结点外，整个架子自成体系，可以先搭好架子再砌墙体。单排脚手架只有一排立杆，小横杆伸入墙体，与墙体共同组成一个体系，所以要随着砌体的升高而升高。

(1) 常用脚手架种类

1) 钢管脚手架

钢管一般采用外径为 48～51mm、壁厚 3～3.5mm 的焊接钢管，连接件采用铸铁扣件。是目前建筑施工中大量采用的一种脚手架。它既可以搭成单排脚手架，也可以搭成双排或多排脚手架，搭设的技术要求见表 3-19。

扣件式钢管脚手架技术要求 表 3-19

杆件名称	长度(m)	构造要求
立 杆	4.5～6	纵向间距不大于 2m，横向间距：单排时立杆离墙 1.2～1.4m；双排时内排立杆离墙 0.4m，外排立杆离墙 1.7m。限高单排 20m，双排 50m
大横杆	4.5～6	间距 1.8m(1m 高设扶手栏杆)，接头要错开，用一字扣连接，大横杆与立杆用十字扣连接
小横杆	2～2.3	间距不大于 1.5m，单排时一端搁入墙内 240mm，一头搁于大横杆上，并至少伸出大横杆 100mm；双排时里端离墙 100mm，小横杆与大横杆用十字扣连接，三步以上时，小横杆加长，与墙拉结
剪刀撑	4.5～6	设置在脚手架的端头、转角和沿墙纵向每隔 30m 处，从底到顶连接布置，与地面呈 45°～60°夹角，与立杆(或小横杆探头)用回转扣件连接

2) 木脚手架

采用剥皮杉杆作为杆材,用 8 号镀锌钢丝绑扎搭设。因钢丝容易生锈,故此类脚手架适用于北方气候干燥地区。木脚手搭设的技术要求见表 3-20。

木脚手架技术要求　　　表 3-20

杆件名称	规格(mm)	构造要求
立 杆	梢径不小于 70	纵向间距 1.5~1.8m,横向间距 1.5~1.8m,埋深不小于 0.5m。单排最高 30m;双排最高 60m,架高不小于 30m 时,立杆纵距不大于 1.5m
大横杆	梢径不小于 80	绑于立杆里面,第一步离地 1.8m,以上各步间距 1.2~1.5m
小横杆	梢径不小于 80	绑于大横杆上,间距 0.8~1m,双排架端头离墙 5~10cm,单排架插入墙内不小于 24cm,外侧伸出大横杆 10cm
抛 撑	梢径不小于 70	每隔 7 根立杆设一道,与地面夹角 60°,可防止架子外倾
斜 撑	梢径不小于 70	设在架子的转角处,做法如抛撑,与地面成 45°角
剪刀撑	梢径不小于 70	三步以上架子,每隔 7 根立杆设一道,从底到顶,杆与地面夹角为 45°~60°

3) 竹脚手架

采用生长期三年以上的毛竹(楠竹)为材料,并用竹篾绑扎搭设。因竹篾干燥后容易脆断,所以竹脚手架适用南方气候湿润地区,亦便于就地取材。竹脚手架一般都搭成双排,限高 50m。

4) 工具式里脚手

在砌筑房屋内墙或外墙时，也可以用里脚手。里脚手可用钢管搭设，也可以用竹木等材料搭设。工具式里脚手一般有折叠式、支柱式、高登和平台架等（图3-40）。搭设时，在两个里脚手架上搁脚手板后，即可堆放材料和上人进行砌墙操作。

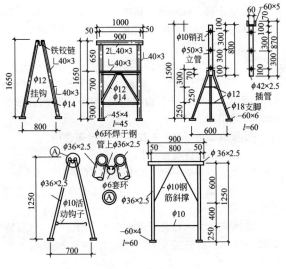

图 3-40 工具式里脚手

（2）脚手架使用要点

1）脚手架由专业架子工搭设，未经验收的不能使用。使用中未经专业搭设负责人同意，不得随意自搭飞跳或自行拆除某些杆件。

2）脚手上所设的各类安全设施，如安全网、安全围护栏杆等不得任意拆除。

3) 当墙身砌筑高度超过地坪 1.2m 时,应由架子工搭设脚手架。一层以上或 4m 以上高度时应设安全网。

4) 砌筑时架子上的允许堆料荷载不应超过 $3000N/m^2$。堆砖不能超过 3 层,砖要顶头朝外码放。灰斗和其他材料应分散放置,以保证使用安全。

5) 不得在下列墙体或部位中设置脚手眼:

① 空斗墙、120mm 厚砖墙、料石清水墙和独立柱。

② 过梁上与过梁成 60°角的三角形范围及过梁净跨度 1/2 的高度范围内。

③ 宽度小于 1m 的窗间墙。

④ 砖砌体的门窗洞口两侧 200mm 和转角处 450mm 的范围内。石砌体的门窗洞口两侧 300mm 和转角处 600mm 范围内。

⑤ 梁或梁垫下及其左右各 500mm 范围内。

⑥ 设计不允许设置脚手眼的部位。

6) 上下脚手架应走斜道或梯子,不准翻爬脚手架。

7) 脚手架上有霜雪时,应清扫干净后方可进行操作。

8) 大雨或大风后要仔细检查整个脚手架,如发现沉降、变形、偏斜应立即报告,经纠正加固后才能使用。

4 砌筑工艺

4.1 施工准备

(1) 现场平面布置要求

1) 材料、预制构配件堆放区宜靠现场运输道路；堆放场地要平整、夯实。

2) 砂浆搅拌机设置处要有下水出口或其他排水措施；场地应坚实平整。

3) 现场运输道路要求畅通，应设置适用的入口和出口或环行通道。道路路基应坚实，路面应平坦，在雨期施工阶段路面应铺垫焦渣等防滑层。

4) 应尽量结合正式工程用电、用水，布置施工及消防用水的水源和施工机械用电的电源。

(2) 材料的准备

1) 砖：砖的品种、强度等级、规格尺寸等必须符合设计要求。

在常温施工时，砌砖前 1d 或 2d(视气温情况而定)，应将砖浇水湿润，湿润程度以将砖砍断时还有 1.5～2cm 的干心为宜。

规范要求烧结普通砖和多孔砖的含水率宜为 10%～15%；灰砂砖、粉煤灰砖的含水率宜为 8%～12%。

2) 砂子：中砂应提前过 5mm 筛孔的筛。配制 M5 以下的砂浆，砂的含泥量不超过 10%；M5 以上的砂浆，砂的含泥量不超过 5%。砂中不得含有草根等杂物。

3) 水泥：一般采用 32.5 级的水泥。水泥应按品种、强度等级、出厂日期、仓号分别保管，在运输、储存过程中要防潮、防水，保持干燥。如对水泥强度有怀疑或出厂日期超过三个月(快硬硅酸盐水泥超过一个月)时，应对该批水泥重新试验。

不同品种的水泥不得混合使用。

4) 掺合料：指石灰膏、电石膏、粉煤灰和磨细生石灰粉等。石灰膏应在砌筑前一周淋好，使其充分熟化(不少于 7d)。

以磨细生石灰粉代替熟化石灰膏使用时，其熟化时间不得少于 1d。严禁使用脱水硬化的石灰膏。

5) 微沫剂、有机塑化剂：其掺量、稀释方法、拌合要求和使用范围应严格按产品说明书或有关技术规定执行，并应通过实验室试验确定。微沫剂宜用不低于 70℃的水稀释至 5%～10%的含量。实际使用中，水泥石灰砂浆中掺微沫剂后石灰用量可减少一半。

6) 水：宜用饮用水。当采用其他水源时，水质必须符合现行中华人民共和国建设部标准《混凝土用水标准》(JGJ 632006)的规定。

7) 外加剂：外加剂(防冻剂、早强剂、缓凝剂等)的掺量应通过试验确定。

8) 其他材料：砌体中预埋的管道、铁件、木砖、拉结钢筋等均应及时运入现场。

钢筋混凝土预制构件，在安装时其强度必须达到设计强度的 70%以上。

木门窗如采用立樘法安装时，门窗框应及时运到现场。

砌体中如有现浇钢筋混凝土圈梁或过梁等，应提前按混凝土结构尺寸配置模板。模板尽可能采用组合钢模板。

(3) 工具准备

砌筑常用的工具，如大铲、瓦刀、砖夹子、靠尺板、筛子、小推车、灰桶、小线等，应事先准备齐全。

(4) 作业条件准备

1) 砌筑基础的作业条件

① 基槽开挖及灰土或混凝土垫层已完成，并经验收合格，办完隐检手续。

② 已放好基础轴线和边线，立好皮数杆(见图 4-1，一般间距为 15~20m，转角处均应设立)，并办完预检手续。

③ 根据皮数杆最下面一层砖的标高，拉线检查基础垫层表面标高是否合适。如第一层砖的水平灰缝大于 20mm 时，应先用细石混凝土找平，严禁在砌筑砂浆中掺细石处理或用砂浆垫平，更不允许砍砖包合子找平。

④ 检查砂浆搅拌机是否运转正常，后台计量器具是否齐全、准确。

⑤ 对基槽中的积水，应予排除。

⑥ 砂浆配合比已经实验室确定，并准备好砂浆试模。

2) 砌筑墙体的作业条件

① 已经完成室外及房心

图 4-1 皮数杆

回填土,并安装好暖气沟盖板。

② 办完地基、基础工程的隐检手续。

③ 按标高抹好(铺设完)基础防水层。

④ 弹好墙身位置线、轴线、门窗洞口位置线,经检验符合设计图纸要求,并办完预检手续。

⑤ 按标高立好皮数杆,并办理预检手续。

在砌筑时要先检查皮数杆的±0.000与抄平桩上的±0.000是否重合、门和窗口上下标高是否一致,各皮数杆±0.000标高是否在同一水平上等,检查合格后才能砌砖。

⑥ 在熟悉图纸的基础上,要弄清已砌基础和复核的轴线、开间尺寸、门窗洞口位置是否与图纸相符;轴线是正中还是偏中;楼梯与墙体的关系,有无圈梁及阳台挑梁;门窗过梁的构造等。

4.2 基本要求

(1) 砌体工程所用的材料应有产品的合格证书、产品性能检测报告。

(2) 砌筑基础前,应校核放线尺寸,允许偏差应符合表 4-1 的规定。

放线尺寸的允许偏差　　表 4-1

长度 L、宽度 B(m)	允许偏差(mm)
L(或 B)≤30	±5
30<L(或 B)≤60	±10
60<L(或 B)≤90	±15
L(或 B)>90	±20

(3) 砌筑顺序应符合下列规定：

1) 基底标高不同时，应从低处砌起，并应由高处向低处搭砌。当设计无要求时，搭接长度不应小于基础扩大部分的高度。

2) 砌体的转角处和交接处应同时砌筑。当不能同时砌筑时，应按规定留槎、接槎。

(4) 在墙上留置临时施工洞口，其侧边离交接处墙面不应小于 500mm，洞口净宽度不应超过 1m。

抗震设防烈度为 9 度的地区建筑物的临时施工洞口位置，应会同设计单位确定。

临时施工洞口应做好补砌。

(5) 不得在下列墙体或部位设置脚手眼：

1) 120mm 厚墙、料石清水墙和独立柱；

2) 过梁上与过梁成 60°角的三角形范围及过梁净跨度 1/2 的高度范围内；

3) 宽度小于 1m 的窗间墙；

4) 砌体门窗洞口两侧 200mm（石砌体为 300mm）和转角处 450mm（石砌体为 600mm）范围内；

5) 梁或梁垫下及其左右 500mm 范围内；

6) 设计不允许设置脚手眼的部位。

(6) 施工脚手眼补砌时，灰缝应填满砂浆，不得用干砖填塞。

(7) 设计要求的洞口、管道、沟槽应于砌筑时正确留出或预埋，未经设计同意，不得打凿墙体和在墙体上开凿水平沟槽。宽度超过 300mm 的洞口上部，应设置过梁。

(8) 尚未施工楼板或屋面的墙或柱，当可能遇到大风时，其允许自由高度不得超过表 4-2 的规定。如超过表中限值时，必须采用临时支撑等有效措施。

墙和柱的允许自由高度(m)　　表 4-2

墙(柱)厚(mm)	砌体密度大于 1600(kg/m³)			砌体密度 1300~1600(kg/m³)		
	风载(kN/m²)			风载(kN/m²)		
	0.3(约7级风)	0.4(约8级风)	0.5(约9级风)	0.3(约7级风)	0.4(约8级风)	0.5(约9级风)
190	—	—	—	1.4	1.1	0.7
240	2.8	2.1	1.4	2.2	1.7	1.1
370	5.2	3.9	2.6	4.2	3.2	2.1
490	8.6	6.5	4.3	7.0	5.2	3.5
620	14.0	10.5	7.0	11.4	8.6	5.7

注: 1. 本表适用于施工处相对标高(H)在 10m 范围内的情况。如 10m<H≤15m, 15m<H≤20m 时, 表中的允许自由高度应分别乘以 0.9、0.8 的系数; 如 H>20m 时, 应通过抗倾覆验算确定其允许自由高度。

2. 当所砌筑的墙有横墙或其他结构与其连接, 而且间距小于表列限值的 2 倍时, 砌筑高度可不受本表的限制。

(9) 搁置预制梁、板的砌体顶面应找平, 安装时应坐浆。当设计无具体要求时, 应采用 1:2.5 的水泥砂浆。

(10) 设置在潮湿环境或有化学侵蚀性介质的环境中的砌体, 灰缝内的钢筋应采取防腐措施。

(11) 砌体施工时, 楼面和屋面堆载不得超过楼板的允许荷载值。施工层进料口楼板下, 宜采取临时支撑措施。

4.3 砖砌体砌筑

4.3.1 一般规定

(1) 烧结普通砖、烧结多孔砖、蒸压灰砂砖、粉煤

灰砖等砌体工程的一般规定

1) 用于清水墙、柱表面的砖，应边角整齐，色泽均匀。

2) 有冻胀环境的地区，地面以下或防潮层以下的砌体，不宜采用多孔砖。

3) 砌筑砖砌体时，砖应提前 1～2d 浇水湿润。

4) 砌砖工程当采用铺浆法砌筑时，铺浆长度不得超过 750mm；施工期间气温超过 30°时，铺浆长度不得超过 500mm。

5) 240mm 厚承重墙的每层墙的最上一皮砖，砖砌体的阶台水平面上及挑出层，应整砖丁砌。

6) 砖砌平拱过梁的灰缝应砌成楔形缝。灰缝的宽度，在过梁的底面不应小于 5mm；在过梁的顶面不应大于 15mm。

拱脚下面应伸入墙内不小于 20mm，拱底应有 1% 的起拱。

7) 砖过梁底部的模板，应在灰缝砂浆强度不低于设计强度的 50% 时，方可拆除。

8) 多孔砖的孔洞应垂直于受压面砌筑。

9) 施工时施砌的蒸压（养）砖的产品龄期不应小于 28d。

10) 竖向灰缝不得出现透明缝、瞎缝和假缝。

11) 砖砌体施工临时间断处补砌时，必须将接槎处表面清理干净，浇水湿润，并填实砂浆，保持灰缝平直。

12) 必须错缝砌筑，要求砖块至少应错缝 1/4 砖长。

13) 必须控制灰缝的厚度为 10mm，最大不超过 12mm，最小不小于 8mm。

(2) 配筋砌体一般规定

1) 构造柱浇筑混凝土前,必须将砌体留槎部位和模板浇水湿润,将模板内的落地灰、砖渣和其他杂物清理干净,并在结合面处注入适量与构造柱混凝土相同的水泥砂浆。振捣时,应避免触碰墙体,严禁通过墙体传振。

2) 设置在砌体水平灰缝中钢筋的锚固长度不宜小于 $50d$,且其水平或垂直弯折段的长度不宜小于 $20d$ 和 150mm;钢筋的搭接长度不应小于 $55d$。

3) 配筋砌块砌体剪力墙,应采用专用的小砌块砌筑砂浆和专用的小砌块灌孔混凝土。

4) 除上述 3 条外,尚应符合烧结普通砖和混凝土小型空心砌块砌体的一般规定。

4.3.2 普通砖组砌

(1) 组砌形式

1) 一顺一丁砌法(满丁满条)

此种砌法,由一皮顺砖与一皮丁砖相互交替砌筑而成,上、下皮的竖缝相互错开 1/4 砖长。

这种砌法采用较多,它的墙面形式有两种:

一种是砖层上下对齐(俗称十字缝),如图 4-2(a)中所示;另一种是顺砖层上下相错半砖(俗称骑马缝),如图 4-2(b)中所示。

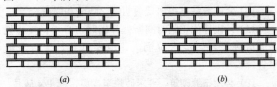

图 4-2 一顺一丁砌法
(a)十字缝;(b)骑马缝

这种砌筑法在调整错缝搭接时，可用"内七分头"或"外七分头"（3/4 砖），但以"外七分头"较为常见，如图 4-3 中有斜线的砖。

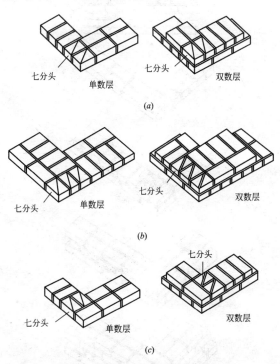

图 4-3　一顺一丁墙大角错缝砌法
(a)—砖墙；(b)—砖半墙；(c)—砖墙(内七分头)

2) 三顺一丁砌法

此种砌法由三皮顺砖与一皮丁砖相互交叉叠砌而成。如图 4-4 所示。

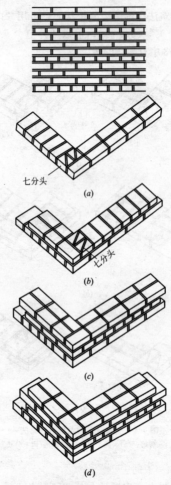

图 4-4 三顺一丁砌法
(a)第1皮(第5皮开始循环);(b)第2皮;(c)第3皮;(d)第4皮

此种砌法的头角处,错缝搭接通常在丁砖层采用"内七分头"调整,如图4-4(a)、(b)所示。

3) 梅花丁砌法(俗称沙包法)

梅花丁砌法是在同一皮砖内一块顺砖、一块丁砖间隔砌筑(在转角处不受此限),如图4-4所示。这种砌法内外竖缝每皮都能错开,故抗压整体性较好,墙面容易控制平整,竖缝易于对齐,多用于砌筑外墙。

此种砌法在头角处用"七分头"调整错缝搭接时,必须采用"外七分头"(图4-5)。

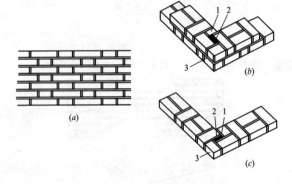

图4-5 梅花丁砌法
(a)梅花丁砌法;(b)双数层;(c)单数层
1—半砖;2—1/4砖;3—七分头

4) 三三一砌法(即三七缝法)

三三一砌法是在同一皮砖层里三块顺砖、一块丁砖交替砌成。如图4-6所示。

采用这种砌法的优点是正、反面墙均较平整,缺点是施工中砍砖较多。

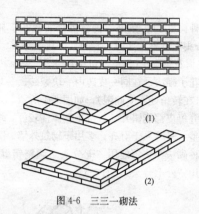

图 4-6 三三一砌法

5) 顺砖法(条砌法)

每皮砖全部用顺砖砌筑,两皮间竖缝搭接 1/2 砖长。此种砌法仅用于半砖隔断墙,如图 4-7 所示。

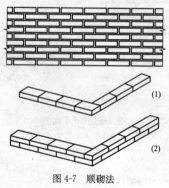

图 4-7 顺砌法

6) 丁砌法

每皮全部用丁砖砌筑,如图 4-8 所示。此种砌法一般多用于圆形建筑物,如水塔、烟囱、水池、圆仓、窨井等的墙身。

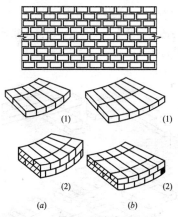

图 4-8 丁砌法

7) 两平一侧砖法(18cm 墙)

两平一侧砌法为在两皮砌的顺砖旁砌一块侧砖,其厚度为 18cm。如图 4-9 所示。此种砌法比较费工,且墙体的抗震性能较差。

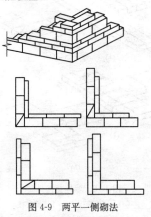

图 4-9 两平一侧砌法

8) 满丁满条十字墙、丁字墙交接砌法

在砖墙的丁字及十字交接处，应分皮错缝砌筑。十字、丁字墙排砖见图 4-10。

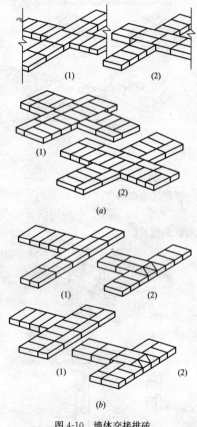

图 4-10 墙体交接排砖
(a)十字墙交接；(b)丁字墙交接

(2) 砂浆的拌制

1) 砂浆的配合比应采用重量比,并应经试验确定。水泥称量精确度控制在±2%以内;砂、石灰膏、电石膏、粉煤灰和磨细生石灰粉等的称量精确度控制在±5%以内。

2) 砂浆应采用机械拌合。先倒砂子、水泥、掺合料,最后倒水。拌合时间不得少于 1.5min。

3) 砂浆应随拌随用,对于水泥砂浆或水泥混合砂浆,必须在砂浆拌制后的 3~4h 内使用完毕。

4) 每一施工段或 250m³ 砌体,每种砂浆应制作一组(6块)试块,如砂浆强度等级或配合比有变动时,应另做试块。

(3) 砖基础砌筑

1) 砖基础的构造形式

砖基础均属于刚性基础,即抗压强度较高,抗拉强度较低,因此要求基础的高度 H 与基础挑出的宽度 L 之比不小于 1.5~2.0(即 $H/L \geqslant 1.5$~2.0)。所以,砖基础必须采用阶梯形式,又称"大放脚"。砖基础大放脚一般采取等高式或间隔式。

等高式大放脚每二皮一收,每次收进 1/4 砖(60mm),其 $H/L=2$,见图 4-11(a)。

间隔式大放脚是第一个台阶二皮一收,第二个台阶一皮一收,每次收进 1/4 砖(60mm),其 $H/L=1.5$,如此循环变化[图 4-11(b)]。

2) 砖基础组砌方法

① 砖基础组砌,一般采用一顺一丁砌法。

② 砌筑必须里外咬槎或留踏步槎,上下层错缝。

③ 基础大放脚的撂底尺寸及退收方法,必须符合设计图纸要求。常见的撂底排砖方法见图 4-12~图 4-15。

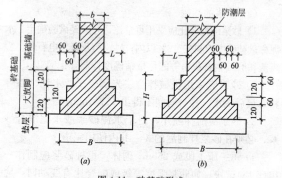

图 4-11 砖基础形式

(a)等高式($H/L=2$);(b)间隔式($H/L=1.5$)

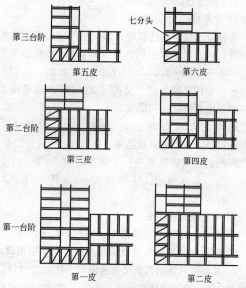

图 4-12 六皮三收等高式大放脚

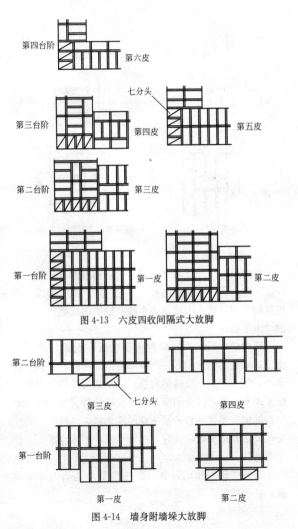

图 4-13 六皮四收间隔式大放脚

图 4-14 墙身附墙垛大放脚

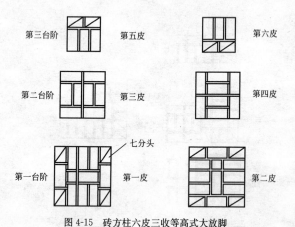

图 4-15 砖方柱六皮三收等高式大放脚

3) 排砖摆底

排砖就是按照基底尺寸线和已定的组砌方式,不用砂浆,把砖在一段长度内整个干摆一层,排时考虑竖直灰缝的宽度,要求山墙摆成丁砖,檐墙摆成顺砖,即所谓"山丁檐跑"。

排砖结束后,用砂浆把干摆的砖砌起来,就叫摆底。对摆底的要求,一是不能够使排好的砖的平面位置走动,要一铲灰一块砖的砌筑;二是必须严格与皮数杆标准砌平。偏差过大的应在准备阶段处理完毕,但 1cm 左右的偏差要靠调整砂浆灰缝厚度来解决。所以,必须先在大角处按皮数杆砌好,拉紧准线,才能使摆底工作全面铺开。

排砖摆底工作的好坏,影响到整个基础的砌筑质量,必须严肃认真地做好。

4) 砌筑

① 砌筑前，垫层表面应清扫干净，洒水湿润，然后再盘角。即在房屋转角、大角处先砌好墙角。每次盘角高度不得超过五皮砖，并用线锤检查垂直度，同时要检查其与皮数杆的相符情况，如图4-16所示。

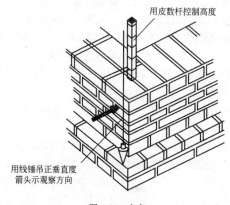

图4-16 盘角

② 垫层标高不等或局部加深时，应从最低处往上砌筑，并应由高处向低处搭接。要经常拉通线检查，保持砌体平直通顺，防止砌成"螺丝墙"。

③ 收台阶：基础大放脚收台阶时，每次收台阶必须用卷尺量准尺寸，中间部分的砌筑应以大角处准线为依据，不能用目测或砖块比量，以免出现偏差。收台阶结束后，砌基础墙前，要利用龙门板拉线检查墙身中心线及边线，并用红铅笔将"中"画在基墙侧面，以便随时检查复核。同时，要对照皮数杆的砖层及标高，如有高低差时，应在水平缝中逐渐调整，使墙的层数与皮数杆相一致。基础大放脚应错缝，利用碎砖和断砖填心

时，应分散填放在受力较小的不重要部位。

④ 基础墙。砌墙应挂通线，24cm 墙外手挂线，37cm 墙以上应双面挂线。

⑤ 沉降缝、防震缝两边的墙角应按直角要求砌筑。先砌的墙要把舌头灰刮尽，后砌的墙可采用缩口灰的方法。掉入缝内的砂浆和杂物，应随时清除干净。

⑥ 基础墙上的各种预留孔洞、埋件、接槎的拉结筋，应按设计要求留置，不得事后开凿。

⑦ 承托暖气沟盖板的挑檐砖及上一层压砖，均应用丁砖砌筑。

⑧ 基础分段砌筑必须留踏步槎，分段砌筑的相差高度不得超过 1.2m。

⑨ 基础灰缝必须密实，以防止地下水的浸入。

⑩ 各层砖与皮数杆要保持一致，偏差不得大于±1cm。

⑪ 管沟和预留孔洞的过梁，其标高、型号必须安放正确、坐灰饱满。如坐灰厚度超过 20mm 时，应用细石混凝土铺垫。

⑫ 地圈梁底和构造柱侧应留出支模用的"串杠洞"，待拆模后再行补堵严实。

5) 抹防潮层

基础防潮层应在基础墙全部砌到设计标高后才能施工，最好能在室内回填土完成以后进行。

防潮层应作为一道工序来单独完成，不允许在砌墙砂浆中添加防水剂进行砌砖来代替防潮层。

防潮层所用砂浆一般采用 1∶2.5 水泥砂浆加水泥含量 3%～5% 的防水剂搅拌而成。如使用防水粉，应先把粉剂搅拌成均匀的稠泉后添加到砂浆中去。抗震设防地区，不应采用防水卷材作基础墙水平防潮层。

抹防潮层时，应先将墙顶面清扫干净，浇水湿润。在基础墙顶的侧面抄出水平标高线，然后摊铺砂浆，一般20mm厚，待初凝后再用木抹子收压一遍，做到平、实、表面不光滑。

6) 质量标准

质量标准详见墙体砌筑质量标准。

7) 安全注意事项

① 基础砌筑前必须仔细检查槽坑，如有塌方危险或支撑不牢固，要采取可靠措施。施工过程中要随时观察周围土层情况，发现裂缝和其他不正常情况时，应立即离开危险地点，采取必要措施后才能继续施工。基槽外侧1m以内严禁堆物，以免妨碍观察。人进入槽内工作应有踏步或梯子。

② 当采用搭设运输道运送材料时，要随时观察基槽(坑)内操作人员，以防砖块等失落伤人。基槽深度超过1.50m时，运送材料要使用机具或溜槽。

③ 其他应按有关规定执行。

(4) 砖墙砌筑

1) 墙体组砌方式

① 砌体一般采用一顺一丁(满丁满条)、梅花丁或三顺一丁砌法。不采用五顺一丁砌法，砖柱不得采用先砌四周后填心的包心砌法。

② 确定接头方式：采用一顺一丁形式组砌的砌墙的接头形式如图4-17～图4-19所示。

2) 排砖摆底(干摆砖)

① 在基础墙面防潮层上或楼板上弹出墙身线，划出门洞口尺寸线，当砌清水墙时，还须划出窗洞口的位置，在摆砌中同时将窗间墙的竖缝分配好。

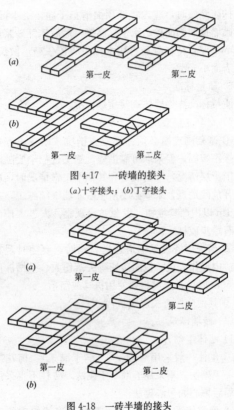

图 4-17 一砖墙的接头
(a)十字接头；(b)丁字接头

图 4-18 一砖半墙的接头
(a)十字接头；(b)丁字接头

② 在砌墙之前，都要进行摆砖（摆底）。在整个房屋外墙的长度方向放上卧砖，排出灰缝宽度（约 1cm），从一个大角摆到另一个大角。一般采用山墙放丁砖、檐墙放顺砖，即俗称为"山丁檐跑"的方式。

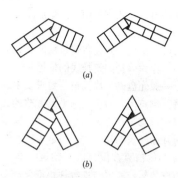

图 4-19 钝角和锐角接头
(a)钝角接头；(b)锐角接头

在摆砖时注意门和窗洞口、窗间墙、附墙砖垛处的错缝砌法，看看能不能赶上好活（即排成砖的模数，不打破砖）。如果在门、窗口处差 1~2cm 赶不上好活，允许将门窗移动 1~2cm，凑一下好活。根据门、窗洞口宽度，如必须打破砖时，在清水墙面上的破活最好赶在窗口上下不明显的地方，不应赶在墙垛部位。另外在摆砖时，还要考虑到在门、窗口两侧的砖要对称，不得出现阴阳膀，所以在摆砖时必须要有一个全盘计划。

③ 防潮层的上表面应该水平。如果水平灰缝太厚，一次找不到标高，可以分次分皮逐步找到标高，争取在窗台口甚至窗上口达到皮数杆规定标高，但四周的水平缝必须在同一水平线上。

3) 选砖

砌清水墙应选择棱角整齐、无弯曲裂纹、颜色均匀、规格基本一致的砖。焙烧过火变色、变形的砖可用在不影响外观的内墙上。

非直角砌体的角砖宜采用无齿锯加工制作。

4) 盘角(俗称把大角)

在摆砖(撂底)后,要先将建筑物两端的大角砌起来(俗称盘角),作为墙身砌筑挂线的依据。

盘角时一般先盘砌5皮大角,要求找平、吊直,跟皮数杆灰缝。砌筑大角时要挑选平直方整的砖。用七分头搭接错缝进行砌筑,使大角竖缝错开。为了使大角砌筑垂直,对开始砌筑的几皮砖,一定要用线坠与靠尺板(托线板)将大角校直,作为以后砌筑时向上引直的依据。标高与皮数的控制要与皮数杆相符合。

5) 挂线

为了确保墙面的垂直平整,必须要挂线砌筑,如图4-20所示。一般一砖厚墙采用单面外手挂线,一砖半墙就必须双面挂线。

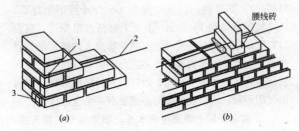

图 4-20 挂线方法
1—别线棍;2—挂线;3—简易挂线坠

挂线时,两端必须将线拉紧。线挂好后,在墙角处用别线棍(小竹片或22号火烧丝)别住 [图 4-20(a)],防止线陷入灰缝中。为了避免挂线较长中部下垂,可用砖将线垫平直 [图 4-20(b)],俗称腰线砖。当线平直无误后才能砌筑。

还有一种挂线方法，不用坠线，俗称拉立线，一般是砌内隔墙时用。挂立线方法如图4-21所示。

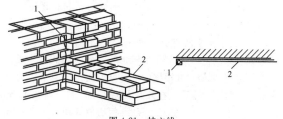

图4-21 挂立线
1—立线；2—水平线

挂线后在砌砖时要经常检查，发现有偏离时要及时纠正。

6) 砌筑工艺

① 大角的砌筑工艺：大角处的1m范围内，要挑选方正和规格较好的砖砌筑，砌清水墙时尤其要如此。大角处用的"七分头"一定要棱角方正、打制尺寸正确，一般先打好一批备用，将其中打制尺寸较差的用于次要部分。开始时先砌3～5皮砖，用方尺检查其方正度，用线坠检查其垂直度。当大角砌到1m左右高时，应使用托线板认真检查大角的垂直度，再继续往上砌。操作中要用眼"穿"看已砌好的角，根据三点共一线的原理来掌握垂直度，另外，还要不断用托线板检查垂直度。砌大角的人员应相对固定，避免因操作者手法的不同而造成大角垂直度不稳定的现象。砌墙砌到翻架子（由下一层脚手翻到上一层脚手砌筑）时，特别容易出现偏差。这时候要加强检查工作，随时纠正偏差。

② 门窗洞口的砌筑工艺：门洞在开始砌砖时就会遇到，一般分先立门框砌筑和后塞门口（又称后嵌樘子）

砌筑两种。

如果是先立门框的，砌砖时要离开门框边 3mm 左右，不能顶死，以免门框受挤压而变形。同时要经常检查门框的位置和垂直度，随时纠正。门框与砖墙用燕尾木砖(或大小头木砖)拉结，如图 4-22 所示。

如后立门框，应按墨斗线砌筑(一般所弹的墨斗线比门框外包宽 2cm)，并根据门框高度安放木砖。采用大小头木砖，预埋时应小头在外，大头在内。洞口高在 1.2m 以内，每边放 2 块，高 1.2~2m 每边放 3 块；高 2~3m 每边放 4 块。预埋砖的部位一般在洞口上下边四皮砖，中间均匀分布。木砖要提前做好防腐处理。窗框侧面的墙同样处理，一般无腰头的窗每侧各放两块木砖，上下各离 2~3 皮砖；有腰头的窗要放三块，即除了上下各一块以外中间还要放一块。后塞口做法，如图 4-23 所示。

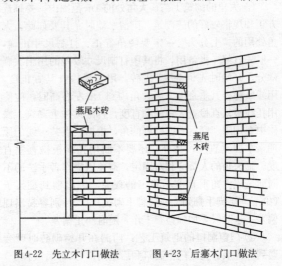

图 4-22 先立木门口做法　　图 4-23 后塞木门口做法

推拉门、金属门窗不用木砖,其做法各地不同,有的按图纸设计要求砌入铁件,有的预留安装孔洞,这些,均应按设计要求预留,不得事后剔凿。墙体抗震拉结筋的位置、钢筋规格、数量、间距均应按设计要求留置,不应错放、漏放。

当墙砌到窗洞标高时,须按尺寸留置窗洞,然后再砌窗洞间的窗间墙,还要进行砌筑窗台、窗顶发砖券或安放钢筋混凝土过梁等操作。

A. 窗台砌筑:窗台分出砖檐(又称出平砖)和出虎头砖两种砌法(图 4-24)。

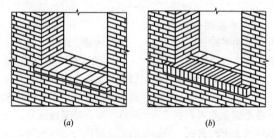

图 4-24 砖窗台的形式
(a)出砖檐;(b)出虎头砖

出砖檐的砌法是在窗台标高下一层砖,根据分口线把两头砖砌过分口线 6cm,挑出墙面 6cm,砌时把线挂在两头挑出的砖角上。砌出檐砖时,立缝要打碰头灰。

出虎头砖的砌法是在窗台标高下两层砖就要根据分口线将两头的陡砖(侧砖)砌过分口线 10~12cm,并向外留 2cm 的泛水,挑出墙面 6cm。窗口两头的陡砖砌好后,在砖上挂线,中间的陡砖以一块丁砖的位置放两块陡砖的规矩砌筑。操作方法是把灰打在砖中间,四边留

1cm左右,一块挤一块地砌,灰浆要饱满。

出砖檐砌法由于上部是空口容易使砖碰掉,成品保护比较困难,因此可以采取只砌窗间墙下压住的挑砖,窗口处的砖可以等到抹灰以前再砌。

B. 窗间墙的砌筑:窗台砌完后,拉通准线砌窗间墙。窗间墙部分一般都是一人独立操作,操作时要求跟通线进行,并要与相邻操作者经常通气。砌第一皮砖时要防止窗口砌成阴阳膀(窗口两边不一致,窗间墙两端用砖不一致),往上砌时,位于皮数杆处的操作者,要经常提醒大家皮数杆上标志的预留、预埋等要求。

C. 发砖碹、过梁:

a. 平碹的砌筑方法:门窗口跨度小、荷载轻时,可以采用平碹做门窗过梁。一般做法是当砌到口的上平时,在口的两边墙上留出2~3cm的错台,俗称碹肩,然后砌筑碹的两侧墙,称碹膀子。除清水立碹外,其他碹膀子要砍成坡度,一般一砖碹上端要斜进去3~4cm,一砖半碹上端要斜进去5~6cm。膀子砌够高度后,门窗口处支上碹胎板,碹胎板的宽度应该与墙厚相等。胎模支好后,先在板上铺一层湿砂,使中间厚20mm、两端厚5mm,作为碹的起拱。碹的砖数必须为单数,跨中一块,其余左右对称。要先排好块数和立缝宽度,用红铅笔在碹胎板上划好线,才不会砌错。发碹时应从两侧同时往中间砌,发碹的砖应用披灰法打好灰缝,不过要留出砖的中间部分不披灰,留待砌完碹后灌浆。最后发碹的中间的一块砖要两面打灰往下挤塞,俗称锁砖(键砖)。发碹时要掌握好灰缝的厚度,上口灰缝不得超过15mm,下口灰缝不得小于5mm。拱底应有1%的起拱。发碹时灰浆要饱满,要把砖挤紧,碹身要同墙面平整，发碹的方法如图 4-25 所示。碹胎板应在灰缝砂浆强度不低于设计强度的 50% 时，方可拆除。

平碹随其组砌方法的不同而分为立砖碹、斜形碹和插入碹三种，如图 4-26 所示。

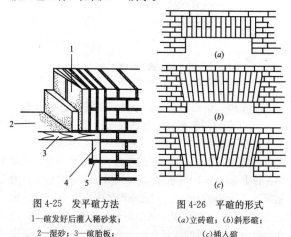

图 4-25　发平碹方法
1—碹发好后灌入稀砂浆；
2—湿砂；3—碹胎板；
4—干砖；5—4in(10.2cm)钉作支点

图 4-26　平碹的形式
(a)立砖碹；(b)斜形碹；
(c)插入碹

b. 弧形碹的砌筑方法：弧形碹的砌筑方法与平碹基本相同，当碹两侧的砖墙砌到碹脚标高后，支上胎模，然后砌碹膀子(拱座)，拱座的坡度线应与胎模垂直。碹膀子砌完后开始在胎模上发碹，碹的砖数也必须为单数，由两端向中间发，立缝与胎模面要保持垂直。大跨度的弧形碹厚度常在一砖以上，宜采用一碹一伏的砌法，就是发完第一层碹后灌好浆，然后砌一层伏砖(平砌砖)，再砌上面一层碹，伏砖上下的立缝可以错开，这样可以使整个碹的上下边灰缝厚度相差不太多，弧形砖的做法如图 4-27 所示。

129

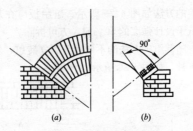

图 4-27 弧形碹的做法

(a)—碹—伏形式；(b)碹砖指向圆心并与砖胎面垂直

c. 平砌式钢筋砖过梁：平砌式钢筋砖过梁一般用于 1～2m 宽的门窗洞口，具体要求由设计规定，并要求上面没有集中荷重，它的一般做法是：当墙砌到门窗洞口的顶边后就可支上过梁底模板，然后将板面浇水湿润，抹上 3cm 厚 1:3 水泥砂浆。按图纸要求把加工好的钢筋放入砂浆内，两端伸入支座砌体内不少于 24cm。钢筋两端应弯成 90°的弯钩，安放钢筋时弯钩应该朝上，勾在竖缝中。过梁段的砂浆至少比墙体的砂浆高一个强度等级，或者按设计要求。砖过梁的砌筑高度应该是跨度的 1/4，但至少不得小于 7 皮砖。砌第一皮砖时应该砌丁砖，并且两端的第一块砖应紧贴钢筋弯钩，使钢筋达到勾牢的效果。平砌式钢筋砖过梁的做法如图 4-28 所示。

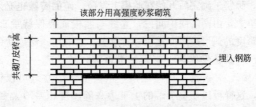

图 4-28 平砌式钢筋砖过梁

d. 钢筋混凝土过梁：放置过梁前，先量门窗洞口的高度是否准确。放置过梁时，在支座墙上要垫 1：3 水泥砂浆，再把过梁安放平稳。要求过梁的两头高度一样，梁底标高至少应比门窗上口边框高出 5mm，过梁的两侧要与墙面平。如为清水墙，往往过梁下部有一出檐，用半砖镶贴在挑檐的上部，把梁遮住，由于挑檐只为 6cm，砖不易放牢，可在门窗口处临时支 5cm×5cm 木方，担一下砖，砌完后拆掉。过梁放置后，再拉通线砌长墙。

D. **构造柱做法**：凡设有钢筋混凝土构造柱的结构工程，在砌砖前，先根据设计图纸要求将构造柱位置进行弹线，并把构造柱插筋处理顺直。砌砖墙时与构造柱连接处砌成马牙槎，从每层柱脚开始，先退后进，每一马牙槎沿高度方向的尺寸不宜超过 30cm（即 5 皮砖），见图 4-29。

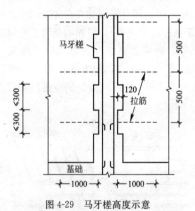

图 4-29 马牙槎高度示意

砖墙与构造柱之间应沿墙高每 50cm 设置 2φ6 水平拉结钢筋连接，每边伸入墙内不应少于 1m（图 4-30）。预留伸出的拉结钢筋，不得在施工中任意反复弯折，如

131

有歪斜、弯曲，在浇筑混凝土之前，应校正到准确位置并绑扎牢固。

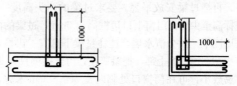

图 4-30　构造柱墙内拉筋示意

E. 梁底、板底砖的处理：砖墙砌到楼板底时应砌成丁砖层。如果楼板是现浇的，并直接支承在砖墙上，则应砌低一皮砖，使楼板的支承处混凝土加厚，支承点得到加强。

填充墙砌到框架梁底时，墙与梁底的缝隙要用铁楔子或木楔子打紧，然后用 1∶2 水泥砂浆嵌填密实。如果是混水墙，可以用与平面交角在 45°～60°的斜砌砖顶紧(俗称走马撑或鹅毛皮)。假如填充墙是外墙，应等砌体沉降结束，砂浆达到强度后再用楔子楔紧，然后用 1∶2 水泥砂浆嵌填密实，因为这一部分是薄弱点，最容易造成外墙渗漏，施工时要特别注意。梁板底的处理如图 4-31 所示。

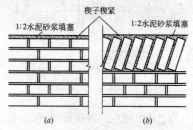

图 4-31　填充墙与框架梁底的砌法
(a)清水墙；(b)混水墙

F. 坡屋顶的封山、拔檐：

a. 封山：坡屋顶的山墙，在砌到檐口标高处就要往上收山尖。砌山尖时，把山尖皮数杆钉在山墙中心线上，在皮数杆上的屋脊标高处钉上一个钉子，然后向前后檐挂斜线，按皮数杆的皮数和斜线的标志，以退踏步槎的形式向上砌筑，这时，皮数杆在中间，两坡只有斜线，其灰缝厚度完全靠操作者技术水平自己掌握，可以用砌 3~5 皮砖量一下高度的办法来控制。山尖砌好以后就可以安放檩条。

檩条安放固定好后，即可封山。封山有两种形式，一种是平封山(俗称插檩档子)；另一种是把山墙砌得高出屋面，叫做高封山。

平封山的砌法是按已放好的檩条上皮拉线砌筑，或按屋面钉好的望板找平砌筑，封山顶坡的砖要砍成楔形砌成斜坡，然后抹灰找平等待盖瓦。

高封山的砌法是在脊檩端头钉一小挂线杆，自高封山顶部标高往前后檐拉线，线的坡度应与屋面坡度一致，作为砌高封山的标准。在封山内侧20cm高处挑出6cm的平砖作为滴水檐。高封山砌完后，在墙顶上砌 1~2 层压顶出檐砖。高封山在外观上屋脊处和檐口处高出屋面应该一致，要做到这一点必须要把斜线挂好。收山尖和高封山的形式分别见图 4-32 和图 4-33。

b. 封檐和拔檐：在坡屋顶的檐口部分，前后沿墙砌到檐口底时，先挑出 2~3 皮砖，

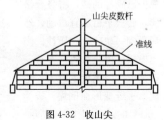

图 4-32　收山尖

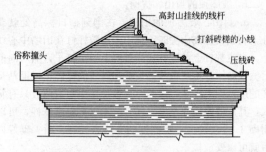

图 4-33 高封山

此道工序被称为封檐。封檐前应检查墙身高度是否符合要求,前后两坡及左右两边是否连结,两端高度是否在同一水平线上。砌筑前先在封檐两端挑出 1~2 块砖,再顺着砖的下口拉线穿平,清水墙封檐的灰缝应与砖墙灰缝错开。砌挑檐砖时,头缝应披灰,同时外口应略高于里口。

在沿墙做封檐的同时,两山墙也要做好挑檐,挑檐的砖要选用边角整齐的。山墙挑檐也叫拔檐,一般挑出的层数较多,要求把砖泅透水,砌筑时灰缝严密,特别是挑层中竖向灰缝必须饱满,砌筑时宜由外往里水平靠向已砌好的砖,将竖缝挤紧,砖放平后不宜再动,然后再砌一块砖把它压住。当出檐或拔檐较大时,不宜一次完成,以免重量过大,造成水平缝变形而倒塌。拔檐(挑檐)的做法如图 4-34 所示。

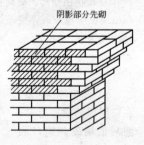

图 4-34 拔檐(挑檐)做法

G. 腰线：砌法基本与拔檐相同，只是一般多用顶砖逐皮挑出，每皮挑出一般为 1/4 砖长，最多不得超过 1/3 砖长。也有用砖角斜砌挑出，组成连续的三角状砖牙；还有的用立砖与顶砖组合挑砌花饰等，见图 4-35。

图 4-35 腰线

H. 楼梯栏杆和踏步：

a. 栏杆：砖砌栏杆基本上同砌山尖和封山相同。它是在楼梯栏杆两端各立一根皮数杆，标明栏杆的砖层及标高，按标高在两皮数杆间拉斜向准线，准线即是栏杆的位置及高度，见图 4-36。砌到准线时，砖要砌成斜形，使砌筑坡度与准线吻合，全部砌完后，栏杆顶用水泥砂浆进行抹灰，作为楼梯扶手。

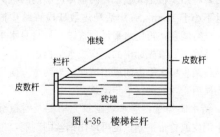

图 4-36 楼梯栏杆

b. 踏步：有些民用建筑采用楼梯间砖墙直接支承踏步板，可将预制成"L"或"—"形钢筋混凝土踏步板的两端砌在楼梯墙上,这样踏步板的安砌应和砌墙配合进行。施工前先做一个活动的皮数杆,将每步标高划在上面,每个踏步板的水平位置,用投影法标在楼梯间砖墙底部,见图 4-37。应注意楼梯间标高是否与皮数杆底同一标高,当标高不同时应调整其高差。

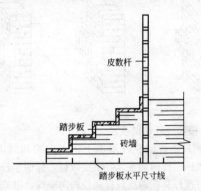

图 4-37 预制踏步板的安砌

施工时,踏步的两边砖墙应同时砌筑。砌到踏步板高度时,将踏步板坐浆放平,两端伸进墙内的距离应相等,且不小于 12cm,并用活动皮数杆检查踏步板两端高低,进行调整,再用水平尺检查踏步板自身水平。同时用线锤将墙底事先标出的踏步板水平投影位置,向上吊线检查踏步板水平方向进出情况,当两个方向尺寸正确无误后,才能进行下步砌筑。

I. 清水墙勾缝:清水墙砌筑完毕要及时抠缝,可以用小钢皮或竹棍抠划,也可以用钢丝刷剔刷,抠缝深度应根据勾缝形式来确定,一般深度为 1cm 左右。

勾缝的形式一般有 4 种,见图 4-38。

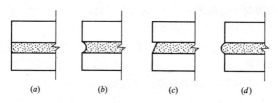

图 4-38 勾缝的形式

(a)平缝；(b)凹缝；(c)斜缝；(d)半圆形凸缝

a. 平缝：操作简便，勾成的墙面平整，不易剥落和积灰，防雨水的渗透作用较好，但墙面较为单调。平缝一般采用深浅两种做法，深的约凹进墙面 3～5mm。

b. 凹缝：凹缝是将灰缝凹进墙面 5～8mm 的一种形式。凹面可做成半圆形。勾凹缝的墙面有立体感。

c. 斜缝：斜缝是把灰缝的上口压进墙面 3～4mm，下口与墙面平，使其成为斜面向上的缝。斜缝泄水方便。

d. 凸缝：凸缝是在灰缝面做成一个半圆形的凸线，凸出墙面 5mm 左右。凸缝墙面线条明显、清晰，外观美丽，但操作比较费事。

勾缝一般使用稠度为 4～5cm 的 1:(1～1.5)水泥砂浆，水泥采用 32.5 级水泥，砂子要经过 3mm 筛孔的筛子过筛。因砂浆用量不多，一般采用人工拌制。

勾缝以前应先将脚手眼清理干净并洒水湿润，再用与原墙相同的砖补砌严密，同时要把门窗框周围的缝隙用 1:3 水泥砂浆堵严嵌实，深浅要一致，并要把碰掉的外墙窗台等补砌好。

勾缝前 1 天应将墙面浇水润透，勾缝的顺序是从上而下，先勾横缝，后勾竖缝。

勾好的平缝与竖缝要深浅一致，交圈对口。砖碹的

缝要勾立面和底面,虎头砖要勾三面,

7) 砌筑其他注意事项

① 伸缩缝、沉降缝、防震缝中,不得夹有砂浆、块材碎渣和杂物等。

② 砌体表面平整度、垂直度校正必须在砂浆终凝前进行。

砌体水平灰缝的砂浆饱满度不得小于 80%;竖缝宜采用挤浆或加浆方法,不得出现透明缝,严禁用水冲浆灌缝。有特殊要求的砌体,灰缝的砂浆饱满度应符合设计要求。

③ 砌体工程工作段的分段位置,宜设在伸缩缝、沉降缝、防震缝、构造柱或门窗洞口处,相邻工作段的砌筑高度差不得超过一个楼层的高度,也不宜大于 4m。

④ 砌体临时间断处的高度差,不得超过一步脚手架的高度。临时施工洞口顶部宜设置过梁,普通砖砌体也可在洞口上部采取逐层挑砖的方法封口,并应预埋水平拉结筋,洞口净宽度不应超过 1m。

注:砌体中的预埋件应作防腐处理。预埋木砖的木纹应与钉子垂直。

⑤ 通气道、垃圾道等采用水泥制品时,接缝处外侧宜带有槽口,安装时除坐浆外,尚应采用 1:2 水泥砂浆将槽口填封密实。

⑥ 雨期施工应防止基槽灌水和雨水冲刷砂浆,砂浆稠度应适当减小,每日砌筑高度不宜超过 1.2m。收工时,应采用防雨材料覆盖新砌砌体的表面。

⑦ 砖柱和宽度小于 1m 的窗间墙,应选用整砖砌筑。半砖和破损的砖应分散使用在受力较小的砖体中和墙心。

⑧ 在墙上留置临时施工洞口，其侧边离交接处的墙面不应小于500mm。

注：9度以上地震区建筑物的临时施工洞口位置，应会同设计单位研究确定。

8) 质量要求

烧结普通砖砌体的质量分为合格与不合格两个等级。

烧结普通砖砌体质量合格应达到以下规定：

① 主控项目应全部符合规定；

② 一般项目应有80%及以上的抽检处符合规定，或偏差值在允许偏差范围以内。达不到上述规定，则为质量不合格；

③ 烧结普通砖砌体的主控项目：

A. 砖和砂浆的强度等级必须符合设计要求。

抽检数量：每一生产厂家的砖到现场后，按烧结普通砖15万块为一验收批，抽检数量为一组。砂浆试块每一检验批且不超过250m³砌体的各种类型及强度等级的砌筑砂浆，每台搅拌机应至少抽检一次。

检验方法：检查砖和砂浆试块试验报告。

B. 砌体水平灰缝的砂浆饱满度不得小于80%。

抽检数量：每检验批抽查不应少于5处。

检验方法：用百格网检查砖底面与砂浆的粘结痕迹面积。每处检测3块砖，取其平均值。

C. 砖砌体的转角处和交接处应同时砌筑，严禁无可靠措施的内外墙分砌施工。对不能同时砌筑而又必须留置的临时间断处应砌成斜槎，斜槎水平投影长度不应小于高度的2/3。

抽检数量：每检验批抽20%接槎，且不应少于

5处。

检验方法：观察检查。

D. 非抗震设防及抗震设防烈度为6度、7度地区的临时间断处，当不能留斜槎时，除转角处外，可留直槎，但直槎必须做成凸槎。留直槎处应加设拉结钢筋，拉结钢筋的数量为每120mm墙厚放置1φ6拉结钢筋（120mm厚墙必须放置2φ6拉结钢筋），间距沿墙高不应超过500mm；埋入长度从留槎处算起每边均不应小于500mm，对抗震设防烈度6度、7度的地区，不应小于1000mm；末端应有90°弯钩。

抽检数量：每检验批抽20%接槎，且不应少于5处。

检验方法：观察和尺量检查。

合格标准：留槎正确，拉结钢筋设置数量、直径正确，竖向间距偏差不超过100mm，留置长度基本符合规定。

E. 普通砖砌体的位置及垂直度允许偏差应符合表4-3的规定。

普通砖砌体的位置及垂直度允许偏差　　表4-3

项次	项　目		允许偏差(mm)	检验方法
1	轴线位置偏移		10	用经纬仪和尺检查或用其他测量仪器检查
2	垂直度	每　层	5	用2m托线板检查
		全高 ≤10m	10	用经纬仪、吊线和尺检查，或用其他测量仪器检查
		全高 >10m	20	

抽检数量：轴线查全部承重墙柱；外墙垂直度全高查阳角，不应少于4处，每层每20m查1处；内墙按有

代表性的自然间抽 10%,但不应少于 3 间,每间不应少于 2 处,柱不少于 5 根。

④ 烧结普通砖砌体一般项目:

A. 砖砌体组砌方法应正确,上、下错缝,内外搭砌,砖柱不得采用包心砌法。

抽检数量:外墙每 20m 抽查 1 处,每处 3~5m,且不应少于 3 处;内墙按有代表性的自然间抽 10%,且不应少于 3 间。

检验方法:观察检查。

合格标准:除符合本条要求外,清水墙、窗间墙无通缝;混水墙中长度大于或等于 300mm 的通缝每间不超过 3 处,且不得位于同一面墙体上。

B. 砖砌体的灰缝应横平竖直,厚薄均匀。水平灰缝厚度宜为 10mm,但不应小于 8mm,也不应大于 12mm。

抽检数量:每步脚手架施工的砌体,每 20m 抽查 1 处。

检验方法:用尺量 10 皮砖砌体高度折算。

C. 普通砖砌体的一般尺寸允许偏差应符合表 4-4 的规定。

普通砖砌体一般尺寸允许偏差 表 4-4

项次	项 目		允许偏差(mm)	检验方法	抽检数量
1	基础顶面和楼面标高		±15	用水平仪和尺检查	不应少于 5 处
2	表面平整度	清水墙、柱	5	用 2m 靠尺和楔形塞尺检查	有代表性自然间 10%,但不应少于 3 间,每间不应少于 2 处
		混水墙、柱	8		

续表

项次	项目		允许偏差（mm）	检验方法	抽检数量
3	门窗洞口高、宽（后塞口）		±5	用尺检查	检验批洞口的10%，且不应少于5处
4	外墙上下窗口偏移		20	以底层窗口为准，用经纬仪或吊线检查	检验批的10%，且不应少于5处
5	水平灰缝平直度	清水墙	7	拉10m线和尺检查	有代表性自然间10%，但不应少于3间，每间不应少于2处
		混水墙	10		
6	清水墙游丁走缝		20	吊线和尺检查，以每层第一皮砖为准	有代表性自然间10%，但不应少于3间，每间不应少于2处

9）安全注意事项

① 上班前要检查脚手架绑扎是否符合要求；木脚手架的镀锌钢丝是否锈蚀；竹脚手的竹篾是否枯断；钢管脚手，要检查其扣件是否松动。

雨雪天或大雨以后要检查脚手架是否下沉，还要检查有无探头板和搭头板，如发现上述问题要立即通知有关人员予以纠正。

一般在脚手架上不得堆放超过3层砖。操作人员不能在脚手架上嬉戏和多人集中在一起，不得坐在脚手架栏杆上休息，发现有脚手板损坏要及时更换。

② 严禁站在墙上行走。工作完毕应将墙上和脚手架上多余的材料、工具清除干净。在脚手架上砍凿砖块

时，应面对墙面，把砍下的砖块碎屑随时填入墙内利用，或集中在容器内运走。

③ 门窗口的支撑，应固定在楼面上，不得拉在脚手架上。

④ 山墙砌到顶后，悬臂高度较高，应及时安装檩条，如不能及时安装檩条，应用支撑撑牢，以防大风刮倒。

⑤ 砌筑出檐墙时，应按层砌，不得先砌墙角后砌墙身，以防出檐倾翻。

⑥ 使用卷扬机井架吊物时，应由专人负责开机，每次吊物不得超载，并应安放平稳。吊物下面禁止人员通行，不得将头、手伸入井架。严禁乘坐吊篮上下。

10) 有关配筋砌体砌筑要求

① 一般要求

A. 设置在砌体水平缝内的钢筋，应居中放在砂浆层中。水平灰缝内配筋砌体的灰缝厚度，不宜超过15mm。当设置钢筋时，应超过钢筋直径6mm以上；当设置钢筋网片时，应超过网片厚度4mm以上。

B. 伸入砌体内的锚拉钢筋，从接缝处算起，不得少于500mm。

② 配筋砖砌体

A. 钢筋砖圈梁内，钢筋搭接长度应大于40倍钢筋直径，端头应做成弯钩。

B. 钢筋砖圈梁和钢筋砖过梁内的钢筋，应均匀、对称放置。

③ 混凝土构造柱、圈梁和配筋带

A. 设置钢筋混凝土构造柱的砌体，应按先砌墙后浇柱的施工程序进行。

B. 构造柱与墙体的连接处应砌成马牙槎,从每层柱脚开始,先退后进,每一马牙槎沿高度方向的尺寸不宜超过300mm。沿墙高每500mm设2ϕ6拉结钢筋,每边伸入墙内不宜小于1m。

C. 在砌完一层墙后和浇筑该层构造柱混凝土之前,是否对已砌好的独立墙采取临时支撑等措施,应根据风力、墙高确定。必须在该层构造柱混凝土浇完之后,才能进行上一层的施工。

④ 质量要求

A. 主控项目

a. 钢筋的品种、规格和数量应符合设计要求。

检验方法:检查钢筋的合格证书、钢筋性能试验报告、隐蔽工程记录。

b. 构造柱、芯柱、组合砌体构件、配筋砌体剪力墙构件的混凝土或砂浆的强度等级应符合设计要求。

抽检数量:各类构件每一检验批砌体至少应做一组试块。

检验方法:检查混凝土或砂浆试块试验报告。

c. 构造柱与墙体的连接处应砌成马牙槎,马牙槎应先退后进,预留的拉结钢筋应位置正确,施工中不得任意弯折。

抽检数量:每检验批抽20%构造柱,且不少于3处。

检验方法:观察检查。

合格标准:钢筋竖向移位不应超过100mm,每一马牙槎沿高度方向尺寸不应超过300mm。钢筋竖向位移和马牙槎尺寸偏差每一构造柱不应超过2处。

d. 构造柱位置及垂直度的允许偏差应符合表4-5的规定。

构造柱尺寸允许偏差 表 4-5

项次	项目		允许偏差（mm）	抽检方法
1	柱中心线位置		10	用经纬仪和尺检查，或用其他测量仪器检查
2	柱层间错位		8	用经纬仪和尺检查，或用其他测量仪器检查
3	柱垂直度	每层	10	用 2m 托线板检查
		全高 ≤10m	15	用经纬仪、吊线和尺检查，或用其他测量仪器检查
		全高 >10m	20	

抽检数量：每检验批抽 10%，且不应少于 5 处。

e. 对配筋混凝土小型空心砌块砌体，芯柱混凝土应在装配式楼盖处贯通，不得削弱芯柱截面尺寸。

抽检数量：每检验批抽 10%，且不应少于 5 处。

检验方法：观察检查。

B. 一般项目

a. 设置在砌体水平灰缝内的钢筋，应居中置于灰缝中。水平灰缝厚度应大于钢筋直径 4mm 以上。砌体外露面砂浆保护层的厚度不应小于 15mm。

抽检数量：每检验批抽检 3 个构件，每个构件检查 3 处。

检验方法：观察检查，辅以钢尺检测。

b. 设置在砌体灰缝内的钢筋的防腐保护应符合规定要求。

抽检数量：每检验批抽检 10%的钢筋。

检验方法：观察检查。

合格标准：防腐涂料无漏刷（喷浸），无起皮脱落现象。

c. 网状配筋砌体中，钢筋网及放置间距应符合设计规定。

抽检数量：每检验批抽 10%，且不应少于 5 处。

检验方法：钢筋规格检查钢筋网成品，钢筋网放置间距局部剔缝观察，或用探针刺入灰缝内检查，或用钢筋位置测定仪测定。

合格标准：钢筋网沿砌体高度位置超过设计规定 1 皮砖厚不得多于 1 处。

d. 组合砖砌体构件，竖向受力钢筋保护层应符合设计要求，距砖砌体表面距离不应小于 5mm；拉结筋两端应设弯钩，拉结筋及箍筋的位置应正确。

抽检数量：每检验批抽检 10%，且不应少于 5 处。

检验方法：支模前观察与尺量检查。

合格标准：钢筋保护层符合设计要求；拉结筋位置及弯钩设置 80% 及以上符合要求，箍筋间距超过规定者，每件不得多于 2 处，且每处不得超过 1 皮砖。

e. 配筋砌块砌体剪力墙中，采用搭接接头的受力钢筋搭接长度不应小于 $35d$，且不应少于 300mm。

抽检数量：每检验批每类构件抽 20%（墙、柱、连梁），且不应少于 3 件。

检验方法：尺量检查。

4.3.3 多孔砖组砌形式

（1）组砌形式

多孔砖一般用于多层建筑的承重墙（图 4-39），其砌体组砌形式，可参见 4.3.2 烧结普通砖砌体的组砌形式。

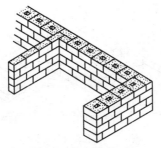

图 4-39 承重空心砖组砌形式

(2) 砌筑工艺

1) 基础工程和水池、水箱等不得使用多孔砖。

2) 多孔砖在运输装卸过程中,严禁倾倒和抛掷。进场后应按强度等级分类堆放整齐,堆置高度不宜超过 2m。

3) 砌筑清水墙的多孔砖,应边角整齐、色泽均匀。

在常温状态下,多孔砖应提前 1~2d 浇水湿润。砌筑时砖的含水率宜控制在 10%~15%。

4) 对抗震设防地区的多孔砖墙应采用"三一"砌砖法❶砌筑;对非抗震设防地区的多孔砖墙可采用铺浆法砌筑,铺浆长度不得超过 750mm;当施工期间最高气温高于 30℃时,铺浆长度不得超过 500mm。

5) 方形多孔砖一般采用全顺砌法,多孔砖中手抓孔应平行于墙面,上下皮垂直灰缝相互错开半砖长。

矩形多孔砖宜采用一顺一丁或梅花丁的砌筑形式,上下皮垂直灰缝相互错开 1/4 砖长(图 4-40)。

---

❶ "三一"砌筑法就是采用一铲灰,一块砖,一挤揉的砌法,也称满铺满挤操作法。

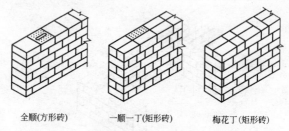

全顺(方形砖)　　一顺一丁(矩形砖)　　梅花丁(矩形砖)

图 4-40　多孔砖墙砌筑形式

6) 方形多孔砖墙的转角处，应加砌配砖(半砖)，配砖位于砖墙外角(图 4-41)。

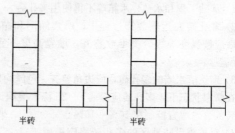

图 4-41　方形多孔砖墙转角砌法

方形多孔砖的交接处，应隔皮加砌配砖(半砖)，配砖位于砖墙交接处外侧(图 4-42)。

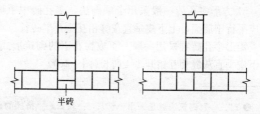

图 4-42　方形多孔砖墙交接处砌法

7) 矩形多孔砖墙的转角处和交接处砌法同烧结普通砖墙转角处和交接处相应砌法。

8) 多孔砖墙的灰缝应横平竖直。水平灰缝厚度和垂直灰缝宽度宜为 10mm，但不应小于 8mm，也不应大于 12mm。

多孔砖墙灰缝砂浆应饱满。水平灰缝的砂浆饱满度不得低于 80%，垂直灰缝宜采用加浆填灌方法，使其砂浆饱满。

9) 除设置构造柱的部位外，多孔砖墙的转角处和交接处应同时砌筑，对不能同时砌筑又必须留置的临时间断处，应砌成斜槎（图 4-43）。

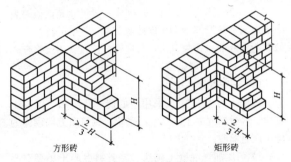

图 4-43 多孔砖墙留置斜槎

10) 施工中需在多孔砖墙中留设临时洞口，其侧边离交接处的墙面不应小于 0.5m；洞口顶部宜设置钢筋砖过梁或钢筋混凝土过梁。

11) 多孔砖墙中留设脚手眼的规定同烧结普通砖墙中留设脚手眼的规定。

12) 多孔砖墙每日砌筑高度不得超过 1.8m，雨天施工时，不宜超过 1.2m。

13) 多孔砖坡屋顶房屋的顶层内纵墙顶，宜增加支撑端山墙的踏步式墙垛。

14）门窗洞口的预埋木砖、铁件等应采用与多孔砖横截面一致的规格。

15）砌体质量要求：

多孔砖砌体的质量分为合格和不合格两个等级。

多孔砖砌体质量合格标准及主控项目、一般项目的规定与烧结普通砖砌体基本相同。其不同之处在以下几方面：

① 主控项目的第 $A.$ 条，抽检数量按 5 万块多孔砖为一验收批。

② 主控项目的第 $D.$ 条取消。

③ 一般项目第 $C.$ 条，砖砌体一般尺寸允许偏差表中增加水平灰缝厚度（10 皮砖累计数）一个项目，允许偏差为±8mm；检验方法：与皮数杆比较，用尺检查。

4.3.4 填充墙砌筑

（1）一般规定

1）适用于房屋建筑采用空心砖、蒸压加气混凝土砌块、轻骨料混凝土小型空心砌块等砌筑填充墙砌体的施工质量验收。

2）蒸压加气混凝土砌块、轻骨料混凝土小型空心砌块砌筑时，其产品龄期应超过 28d。

3）空心砖、蒸压加气混凝土砌块、轻骨料混凝土小型空心砌块等的运输、装卸过程中，严禁抛掷和倾倒。进场后应按品种、规格分别堆放整齐，堆置高度不宜超过 2m。加气混凝土砌块应防止雨淋。

4）填充墙砌体砌筑前块材应提前 2d 浇水湿润。蒸压加气混凝土砌块砌筑时，应向砌筑面适量浇水。

5）用轻骨料混凝土小型空心砌块或蒸压加气混凝土砌块砌筑墙体时，墙底部应砌烧结普通砖或多孔砖，或普通混凝土小型空心砌块,或现浇混凝土坎台等,其高度不宜小于200mm。

(2) 质量要求

1) 主控项目

砖、砌块和砌筑砂浆的强度等级应符合设计要求。

检验方法:检查砖或砌块的产品合格证书、产品性能检测报告和砂浆试块试验报告。

2) 一般项目

① 填充墙砌体一般尺寸的允许偏差应符合表4-6的规定。

填充墙砌体一般尺寸允许偏差 表4-6

项次	项 目		允许偏差 (mm)	检 验 方 法
1	轴线位移		10	用尺检查
	垂直度	≤3m	5	用2m托线板或吊线、尺检查
		>3m	10	
2	表面平整度		8	用2m靠尺和楔形塞尺检查
3	门窗洞口高、宽(后塞口)		±5	用尺检查
4	外墙上、下窗口偏移		20	用经纬仪或吊线检查

抽检数量:

A. 对表中1、2项,在检验批的标准间中随机抽查10%,但不应少于3间;大面积房间和楼道按两个轴线或每10延长米按一标准间计数。每间检验不应少于3处。

B. 对表中3、4项,在检验批中抽检10%,且不应少于5处。

② 蒸压加气混凝土砌块砌体和轻骨料混凝土小型空心砌块砌体不应与其他块材混砌。

抽检数量：在检验批中抽检20%，且不应少于5处。

检验方法：外观检查。

③ 填充墙砌体的砂浆饱满度及检验方法应符合表4-7的规定。

填充墙砌体的砂浆饱满度及检验方法　　表4-7

砌块分类	灰缝	饱满度及要求	检验方法
空心砖砌体	水平	≥80%	采用百格网检查块材底面砂浆的粘结痕迹面积
	垂直	填满砂浆，不得有透明缝、瞎缝、假缝	
加气混凝土块和轻骨料混凝土小砌块砌体	水平	≥80%	
	垂直	≥80%	

抽检数量：每步架子不少于3处，且每处不应少于3块。

④ 填充墙砌体留置的拉结钢筋或网片的位置应与块体皮数相符合。拉结钢筋或网片应置于灰缝中，埋置长度应符合设计要求，竖向位置偏差不应超过1皮高度。

抽检数量：在检验批中抽检20%，且不应少于5处。

检验方法：观察和用尺量检查。

⑤ 填充墙砌筑时应错缝搭砌，蒸压加气混凝土砌块搭砌长度不应小于砌块长度的1/3；轻骨料混凝土小型空心砌块搭砌长度不应小于90mm；竖向通缝不应大于2皮。

抽检数量：在检验批的标准间中抽查10%，且不应少于3间。

检查方法：观察和用尺检查。

⑥ 填充墙砌体的灰缝厚度和宽度应正确。空心砖、

轻骨料混凝土小型空心砌块的砌体灰缝应为 8~12mm。蒸压加气混凝土砌块砌体的水平灰缝厚度及竖向灰缝宽度分别宜为 15mm 和 20mm。

抽检数量：在检验批的标准间中抽查 10%，且不应少于 3 间。

检查方法：用尺量 5 皮空心砖或小砌块的高度和 2m 砌体长度折算。

⑦ 填充墙砌至接近梁、板底时，应留一定空隙，待填充墙砌筑完并应至少间隔 7d 后，再将其补砌挤紧。

抽检数量：每验收批抽 10%填充墙片（每两柱间的填充墙为一墙片），且不应少于 3 片墙。

检验方法：观察检查。

4.3.5 烟囱、水塔、炉灶砌筑

（1）烟囱砌筑方法

烟囱是工业和民用建筑中动力和采暖设施排除废气的构筑物，它具有独立、高耸的特点，所以在材料使用和施工操作方法上与墙体砌筑有所不同。

1）砖烟囱的构造

砖烟囱有方形和圆形两种。方形的一般高度不大，采用较少。

烟囱的构造主要由基础、囱身、内衬、隔热层等几部分组成。囱身上有各种附件，如钢爬梯、紧箍圈、避雷针、钢休息平台、信号灯等装置。在囱身下部有烟道入口和出灰口。

囱身按高度分成若干段，每段的高度一般在 10m 左右，最多不得超过 15m。每段的筒壁根据设计决定，并由下往上逐渐减薄。

囱身外壁应用不低于 MU10 的烧结普通砖和不低于

M5 的水泥砂浆砌筑，在埋没铁件和砖拱部位应用 M10 砂浆砌筑；内衬用耐火砖、耐火泥砌筑，在烟气温度低于 400℃时，也可以用黏土砖砌内衬。隔热层有的采用空气隔热，有的需要在隔热层中填入隔热材料，如矿棉、蛭石等。烟囱的构造形式见图 4-44。

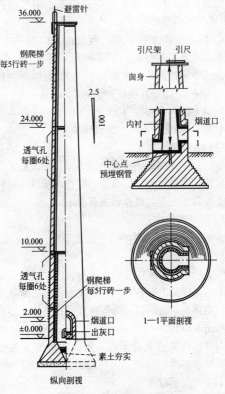

图 4-44 圆烟囱的构造

2) 砌烟囱的工具

砌烟囱使用的工具除与一般砌墙使用的工具相同外，还有以下几件：

① 大线锤：线锤一般在 10kg 左右。砌筑时，线锤的锤尖对准基础中心桩上(或预埋件)的中心点，一端悬挂在引尺架下面的吊钩上 [图 4-45(a)]。

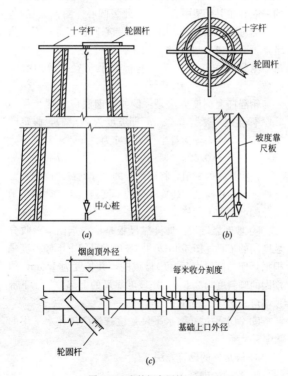

图 4-45　砌筑烟囱用的工具
(a)大线锤；(b)引尺架；(c)十字杆大样图

② 引尺架（十字杆）：采用截面为 60mm×120mm 的方木叠成，长度与烟囱筒身最大外径同 [图 4-45(b)]，中间用 ϕ10 螺栓固定，用时拉开交错形成十字。ϕ10 螺栓下部焊一吊钩。

③ 引尺（轮圆杆）：尺上刻有烟囱筒身的最大和最小外径以及每砌半米高烟囱外壁收分后的直径尺寸，尺的一端套在引尺架中心，并以此为圆心 [图 4-45(c)]。当烟囱每砌半米高后，用引尺绕圆心回转筒身一圈，测量是否有误差，以便及时纠正。每检查一次，涂去一格。测量时须知道已砌筒身标高及半径，做到心中有数。

轮圆杆上刻度方法是：例如烟囱底口外部半径为 3m，倾斜度每米为 0.025m（即坡度为 2.5%），假定砌筑高度为 12m，则囱身半径的尺寸为：

$$3.0-(0.025\times12.0)=3.0-0.3=2.7m$$

按照计算的数值，将应缩小的尺寸刻在轮圆杆和十字杆上，即将每二皮砖应收分的刻度划上小格，每半米收分刻度上划上大格。

④ 坡度靠尺板：坡度靠尺板是检查烟囱外壁收分坡度用的工具 [图 4-45(b)]。坡度靠尺的上下倾斜度是根据烟囱的倾斜度（坡度）做成的，其长度为 1.5m，如烟囱的倾斜度为 2.5%，则坡度靠尺的上部顶端比下部顶端应宽出 37.5mm。

⑤ 钢水平尺：钢水平尺是检查烟囱砌体水平用的工具。

3）圆烟囱的砌筑方法

① 基础的砌筑

a. 在烟囱基础垫层或钢筋混凝土底板施工完毕后，

先将烟囱前后左右的龙门板用经纬仪校核一次，无误后，拉紧两对龙门板的中线所形成的交叉点，就是烟囱的中心点。然后，用线锤将此点引到基础面，并在中心位置安设好中心桩或预埋铁件埋入基础内，待混凝土凝固后，校核一次，并在桩的中心点上钉上小钉或在预埋铁件上用红漆标出中心点。根据中心点弹出基础内外径的圆周线。

b. 砌砖前先清扫基层，并浇水湿润。检查基础圆径尺寸和基层标高是否正确。如基础面不平，当小于2cm时，要用1∶2水泥砂浆找平；当大于2cm时，要用C20细石混凝土找平后方能砌筑。

c. 第一皮砖要先试摆后再砌筑，砖层的排列，一般采用顶砌。砌体上下两层砖的放射缝应错开1/4砖，垂直环缝应错开1/2砖（图4-46）。为达到错缝要求，可

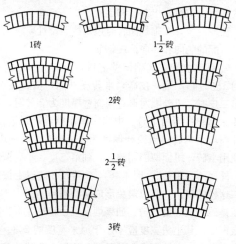

图4-46　筒砖缝交错

用 1/2 砖进行调整，但小于 1/2 砖的碎砖不得使用。砌筑的水平缝为 8～10mm，垂直灰缝里口不小于 5mm，外口不大 12mm。基础有大放脚时同砖墙一样向中心收退，退到囱壁厚时，要根据中心桩检查一次基础环墙的中心线，找准后再往上砌。

d. 基础部分的囱壁一般没有收分坡度，砌时可用垂直靠尺进行检查。砖层高度由皮数杆控制。基础的内衬和外壁要同时砌筑，并按图纸要求，在隔热层中填放隔热材料。

e. 基础砌完后进行垂直、水平标高、中心偏差、圆周尺寸和上口水平等全面检查，合格后才可砌囱身。

② 囱身的砌筑

A. 外壁(筒壁)的砌筑：

a. 筒壁开始砌筑时就要按照设计要求收坡，并注意按图纸要求留好出灰口和烟道口。

在地震区，在砌筑囱身时还要按照设计要求认真埋置好所配的竖向和环向抗震钢筋。

b. 砌筑前先在基础筒壁上口进行排砖。当筒壁厚度为 1½ 砖时，第一皮砖，半砖在外圈，整砖在里圈，砌第二皮时，里外圈对调；当筒壁厚度为 2 砖时，第一皮砖，内外圈均用半砖，中间一圈用整砖，到第二皮，内外圈均用整砖；当筒壁厚度为 2½ 砖时，第一皮砖，外圈用半砖，里面两圈用整砖，到第二皮，半砖调到里圈，外面两圈用整砖(图 4-46)，3 砖及 3 砖以上按此类推。这样的砌法，可以避免形成同心圆环。

排砖时灰缝要均匀，如果烟囱直径较小，可将砖先打成楔形，其小头宽度应不小于原来宽度的 2/3。外壁的水平和垂直灰缝要求与基础同，小于 1/2 砖的碎砖不得使用。

c. 外圈筒壁一般先砌外皮，再砌内皮，最后填心。为防止因操作手法不同发生偏差，砌筑工人不要中途换人，但砌筑工人的位置可以每升高一步架换一个地方，这样容易控制囱身的垂直度和灰缝大小，减少发生偏差。

d. 砌体的每皮砖均应水平，或稍微向内倾斜（砌体重量的合力中心向里位移，烟囱更趋稳定，砖与砖之间挤的更紧），绝对不允许向外倾斜，要随时用钢水平尺进行检查。

e. 砌筑时，要依靠十字杆、轮圆杆和收分靠尺板来控制囱身的垂直和外壁坡度。十字杆中心悬挂的大线锤要与基础上埋置的中心桩顶小钉或预埋铁件上的红漆点对中。另外，在烟囱基础砌出地面后，根据测量工在外壁上定出的±0.000 标高线（一般用红漆做出记号），以后每砌高 5m 或筒壁厚度变更时，均用钢尺从±0.000 起垂直往上量出各点标高线，亦用红漆做出记号，根据这"一点一线"来控制烟囱的垂直偏差和高度。在每砌完 0.5m 高（约 8 皮砖），用十字杆、线锤对中后，用坡度靠尺板检查收分尺寸的偏差，用轮圆杆转一周检查囱身圆周是否正确；用钢尺从标明的标高线往上度量检查砌筑高度，并根据这个高度核对十字杆的收分尺寸；最后用铁水平尺检查上口水平。如发现偏差过大时要返工，较小时应注意在以后砌筑中调整纠正。

f. 每天的砌筑高度要根据气候情况和砂浆的硬化程度来确定，一般每天砌筑高度不宜超过 1.8～2.4m，砌得过高会因灰缝变形引起囱身偏差。

g. 烟道入口顶部的拱券、拱顶一般与囱身外壁相平，拱脚则突出壁外，在拱脚下边有砖垛。因此在囱身开始砌筑时，即应注意在烟道入口的两侧砌出砖垛。两侧砖垛的砖层要在同一标高上，层数也要相同，防止砌成螺丝墙。

囱身外壁的通风散热孔，应按图纸要求留出 6cm×6cm 见方的通气孔。

h. 外壁的灰缝要勾成风雨缝（即斜缝）。如采用外脚手架砌筑，可在囱身砌完后进行；如采用里脚手架施工，则应随砌、随刮、随勾缝。

i. 砌完后在顶口上（顶口有圈梁的，则灌完圈梁后）抹 1∶2 水泥砂浆泛水。

B. 内衬的砌筑：

a. 砖烟囱的内衬一般随外壁同时砌筑。内衬壁厚为 1/2 砖时，应用顺砖砌筑，互相咬槎 1/2 砖；厚度大于 1 砖时，可用顺砖和丁砖交错砌筑，互相咬槎 1/4 砖。

b. 灰缝厚度，用黏土砖砌筑不应超过 8mm；用耐火砖时，应用耐火土砌筑，灰缝大于 4mm。

c. 用黏土砖砌筑时，当烟气温度低于 400℃时，可用 M2.5 混合砂浆；当温度高于 400℃时，可用生黏土与砂子配制的砂浆，其配合比为 1∶1 或 1∶1.5。

d. 砌筑的垂直缝和水平缝均应严密，随砌随刮去舌头灰。每砌 1m 高，应在内侧表面满刷一遍耐火泥浆。

e. 内衬与囱身外壁之间的空气隔热层，不允许落入砂浆和砖屑，如需填塞隔热材料，则应每四五皮砖填一次，并轻轻捣实。为减轻隔热材料自重所产生的体积压缩，可在砌筑内衬时，每隔 2～2.5m 的高度砌一圈减荷带 [图 4-47(*b*)]。当内衬砌到顶面或外壁厚度减薄时，外壁应向内砌出砖挑檐 [图 4-47(*a*)]，挡住隔热层

上口，以免烟尘落入，但砖挑檐不得与内衬顶部接触，要保留等于内衬厚度的距离。

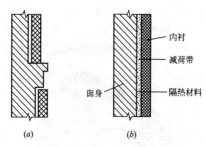

图 4-47　砖烟囱内衬与外壁砌筑示意

f. 为了保证内衬的稳定，一般在垂直方向每隔 50cm（或 8 皮砖高度），在水平方向按圆周长每 1m 处，上下交错地向外壁挑出一块顶砖，支在外壁上。

g. 外壁和内衬砌完后，在顶口（如顶口有圈梁时，则在灌完圈梁后）抹 1∶2 水泥砂浆泛水。同时，应进行全面地检查，合格后才可拆除底部的中心桩，最后铺砌囱底内的耐火砖。铺砌囱底耐火砖时，应使每皮砖的灰缝均上下错开。

C. 囱身附设铁件的设置：

a. 埋入囱身的铁活附件，均应事先涂刷防锈油漆（埋设避雷器入地导线固定用的预埋件除外），按设计位置预埋牢固，不得遗漏。

b. 地震区在烟囱内加设的纵向及环向抗震钢筋，砌筑时必须按图纸要求认真埋设。

c. 钢爬梯应埋入壁内至少 24cm，并应卡砌结实。

d. 环向钢箍应按图纸要求标高安装好，螺丝要拧紧，并将拧紧后的外露丝扣凿毛，以防螺母松脱，每个钢箍接头的位置应上下错开。

e. 顶口上如设有圈梁,安放钢休息平台的位置,砌时应留出浇筑混凝土的范围。

③ 烟道的砌筑从炉、窑出烟口到烟囱根部,这一段烟气通道称为烟道。砖砌烟道的构造见图4-48。

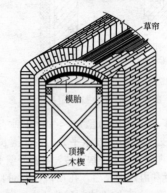

图 4-48 烟道截面

a. 烟道外壁与内衬应同时砌筑。当烟道两侧外墙及内衬砌到拱脚高度时,应根据拱脚标高,安放预先做好的砌拱模胎,并将它支撑牢固。

b. 砌筑拱筒时,如内衬用耐火砖,则要用异形(楔形)耐火砖砌筑,砖与砖在长度方向要咬槎1/2砖,灰缝不得超过4mm,灰缝要严实,不得漏烟。

c. 内衬砌完后,要在内衬拱面上铺设草帘等易燃材料作为上层砖拱的模胎,然后再砌筑外层拱筒。

d. 上层砖拱砌好后,要在灰缝中灌水泥砂浆,并待砂浆强度达到要求后,方可拆除支设的模胎。

e. 拆完拱模胎后,最后铺砌烟道底层的耐火砖。

f. 烟道与烟囱接口处，以及炉窑的出口处，均要留出 2cm 的变形缝，以备温度伸缩和不同沉降，缝中要用石棉绳或石棉板堵塞。

　　4) 方砖烟囱的砌筑方法

　　方烟囱因承受风压比圆烟囱大，所以高度有一定限制，一般在 15m 左右。用于拔风力要求不大、炉窑气温不高的干燥炉及退火炉。

　　方烟囱的砌筑方法基本上与圆烟囱相同，其不同处有以下几点：

　　① 圆烟囱每皮砌体允许稍微向内倾斜，方烟囱则相反，要求每皮砌体必须水平。因此，方烟囱收分采取踏步式，砌前要按烟囱的坡度事先算好每皮收分的数值。例如烟囱坡度为 2.5%，每 1m 高以 16 皮计，则每皮应收 2.5%÷16=1.6mm。

　　② 检查圆烟囱不同标高的截面尺寸（圆半径），一般将圆 6 等分，在圆周上取 6 点，以此为主进行检查。方烟囱主要检查四角顶主中心（即方烟囱的外接圆半径）的距离，因此所用轮圆杆的刻度应将不同标高的方形边乘以 0.707 系数。

　　③ 检查圆烟囱的坡度，用坡度靠尺板在前述 6 点上进行，检查方烟囱的坡度，除四角顶外，还应在每边的中点上进行。

　　④ 方烟囱不用顶砌，根据壁厚可按三顺一丁、一顺一丁、梅花丁砌法等进行砌筑。为了达到错缝要求，须砍成 3/4 砖，但方烟囱由于皮皮踏步收分，砍砖不能因收分把转角处砖砍掉，转角处仍应保留 3/4 砖，需砍部分在墙身内调整。

　　⑤ 方烟囱一般不留通气孔。要留通气孔时，应避

开四个顶角,以免削弱砌体强度,可在囱身四边按要求距离留设。

⑥ 方烟囱附设铁件应避开顶角,按设计要求埋设。如设计无规定,最好设在常年风向背风的一面。

5) 质量标准

① 基本要求

a. 砖、耐火砖的品种、强度必须符合设计要求。

b. 砂浆、耐火泥浆的品种必须符合设计要求;试块强度必须合格。

c. 砌体砂浆必须密实饱满,其中水平灰缝砂浆的饱满程度应不小于95%。

d. 囱外壁组砌合理,无同心环竖向重缝,无通缝,勾缝符合要求,墙面整洁。

e. 囱身附件留设准确,埋设牢固,数量、搭接长度符合设计或施工规范要求。

② 允许偏差(表 4-8~表 4-9)

基础位置和尺寸的允许偏差　　　　表 4-8

项次	名　称	允许偏差值
1	基础中心点对设计坐标的位移	15mm
2	环壁或环梁上表面的标高	20mm
3	环壁的壁厚	20mm
4	壳体的壁厚	$^{+20}_{-10}$mm
5	环壁或壳体的内半径	内半径的1%,且不超过40mm
6	环壁或壳体内表面的局部凹凸不平(沿半径方向)	内半径的1%,且不超过40mm
7	底板或环板的外半径	外半径的1%,且不超过50mm
8	底板或环板的厚度	20mm

筒壁尺寸允许偏差 表 4-9

项次	项 目	允许偏差
1	筒壁高度	全高的 0.15%
2	筒壁任何截面上的半径	该截面筒壁半径的 1%，且不超过 30mm
3	筒壁内外表面局部凹凸不平（沿半径方向）	该截面筒壁半径的 1%，且不超过 30mm
4	烟道口的中心线	15mm
5	烟道口的标高	20mm
6	烟道口高度和宽度	+30mm −20mm

6）质量、安全注意事项

① 质量问题

a. 囱身竖向开裂：烟囱在砌筑过程中由于砌体本身含有一定的水分，在使用前必须烘干，经过烘烤，囱身往往会产生一些竖向裂缝，裂缝开裂位置有的在砖缝部位，也有的在砖块中间。产生裂缝的主要原因有：施工中操作人员忽视对砖块浇水或因砂浆饱满程度不好而造成裂缝的；或施工不慎将砖块残渣掉入隔气层，隔气层被填塞；同时也有砖和水泥质量存在问题；也有烘烤时升温及降温过快，温控存在问题等原因造成。

为避免此类质量问题的发生，首先要求操作人员精心施工，严格按现行《烟囱工程施工及验收规范》（GBJ 78）施工，保持砖块湿润和砂浆饱满度，防止砂浆及砖块残渣堵塞隔气层，同时要把好材料质量关，不合格材料决不使用。另外，要求切实掌握烘烤烟囱速度，升温时控制在平均每小时11～14℃，降温时控制在每小时不大于50℃。待降温到100℃时，应把烟道口用砖堵死，防止冷风吹入引起砌体急剧变形而造成裂缝。

b. 竖向砖缝过大：按现行《烟囱工程施工及验收规范》(GBJ 78)规定检查，烟囱砌体垂直缝的宽度超过标准规定50%时，均属竖向砖缝过大，这种现象会降低烟囱的工程质量。主要原因是操作人员违反操作规程，不进行排砖，不按规定对砖进行楔形加工，或采用不符合质量标准的砖砌筑烟囱和采用手工加工楔形砖，规格不符合使用要求。解决的办法是，首先要进行排砖摆底，选用符合要求的砖，提高砖的加工质量，使其规格一致。其次应优先采用机械加工楔形砖，提高加工质量。还要求在砌筑过程中始终注意质量检查，发现问题及时处理。

② 安全注意事项

a. 脚手架上堆料必须按安全规定每平方米不得超过270kg，砖块必须码放整齐，防止下落伤人。

b. 竖向垂直运输不能超载，使用井架、吊篮要有安全保险装置，井架严禁载人上下。

c. 冬期施工有霜、雪时，应先扫干净后再上脚手架操作。

d. 烟囱四周10m范围应设置护栏，防止闲人进入。进料口要搭防护棚，高度超过4m随烟囱升高四周要支搭安全网。

e. 施工中遇到恶劣天气或5级以上大风，应暂停施工，大风大雨后先要检查架子是否安全，然后才能作业。

f. 有心脏病、高血压等病的人员不能从事烟囱砌筑。

(2) 水塔的砌筑方法

砖砌水塔,多用于远离城市的孤立的建筑群,也有在郊区因自来水水头不足,作为升压补偿水力用。

1) 砖砌水塔的构造

砖砌水塔的构造分基础、塔身、水箱三部分。一般高 25m 左右。基础一般为现浇钢筋混凝土,塔身为圆筒形(或圆锥形)砖砌体,水箱多为钢筋混凝土的,也有用砖砌的,但箱身高度不大。塔身做法大致有以下几种:

① 圆筒形砌体从基础到顶(水箱底),见图 4-49(*a*)。

② 有的砌二、三节(每节高 3m 左右)后开始收分,收分的坡度与圆烟囱同。

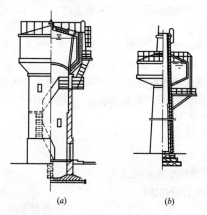

图 4-49 砖砌水塔的构造
(*a*)砖砌水塔;(*b*)砖砌烟囱和水塔

③ 有的底节筒壁厚 1½ 砖,砌两节后改为 1 砖厚,但附壁砖垛凸出与下面筒壁平。

④ 有的烟囱与水塔合为一体,烟囱砌到一定高度后,浇灌环形钢筋混凝土水箱,再在环形水箱的内壁砌筑烟囱(图 4-49)。

砖砌水箱的箱身为砖砌体,但底盖板仍为钢筋混凝土的。为了增强水塔的稳定性与刚度,每节塔身砌筑后均浇筑钢筋混凝土圈梁一环,并与每层楼盖一起浇筑(烟囱水塔综合体者除外),楼板留扶梯洞,人员用钢梯上下。

2) 水塔的砌筑方法

水塔的塔身、水箱壁的砌筑方法与烟囱相同,这里不再重述,但须注意如下事项:

① 砌筑用砖与砂浆的强度等级应按图纸要求施工,切实按规定错缝搭接,做到砂浆饱满密实,以增强砌体的环向拉力。

② 砌砖前要适当浇水润湿。检查方法是将砖砍断,如四周一环均湿,中间是干的即可。

③ 底板上预留插筋时,应认真按要求埋入砌体内,水箱壁上埋置铁件(如钢爬梯等)应用 M10 水泥砂浆窝牢,并用砖压实。

④ 在试水时,应细心观察水箱壁有否渗水现象,如有应立即修补好。

(3) 大型炉灶砌筑方法

1) 大型炉灶的构造

大型炉灶多用于食堂,比家用炉灶体形大、用锅多,通常为长方形(图 4-50),以燃煤为主。这种炉灶目前以鼓风灶为主。

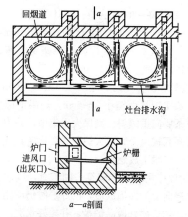

图 4-50 食堂炉灶构造形式

炉灶一般设在靠外墙部位,墙外设附墙烟囱和炉灶门,以利厨房卫生。灶内炉膛四周用黏土砖砌筑,内衬半砖厚耐火砖。为了避免烟气串通,一般炉膛内分锅不设回风烟道,即不共用一个烟道。

2)砌筑工艺

① 砌筑前准备工作

按设计要求弄清炉灶构造和特点、锅的数量和直径、炉灶位置,然后进行定位放线。

计算出所需材料品种及数量,其中包括炉条、炉门和炉盘等预埋件、零配件。

② 砌筑要点

A. 一般大锅炉灶分平砖砌法和立砖砌法两种。两种砌法均要在砌体中间留 30~50mm 空隙,内填干细炉灰,以防止灶内热量损失,提高灶内温度。

B. 炉灶面高度一般不宜太高,否则人在灶前操作不方便，一般 60～70cm 为宜。炉灶要比炉灶底座挑出 6cm，炉灶面(即锅台面)又要比炉灶挑出 6cm，累计共 12cm，使操作人员站立灶边脚不会碰到炉座，可以靠拢锅台操作。

C. 按放线位置先砌炉座，厚一般为 12cm，高 7 皮砖左右，长比炉灶面缩小 3～6cm。炉眼下应放置成品炉条，炉条要向里倾斜，确保火力集中，并力求远离烟囱，以增强其拔风力。过火炉眼底要挑砖封死，斜留出灰口，过火炉眼下放燃料洞口。

D. 炉膛应用耐火砖砌筑。砌时，应注意从炉膛底开始顺势向上沿四周放坡，砌好炉膛仍应用黄泥麻刀砂浆套好，炉口放好成品炉盘，并抹好水泥砂浆。

E. 砌筑炉身时，要先埋下水立管 1～2 根，并与排水沟接通。粉刷灶面时，要做好泛水，留出流水槽。

F. 回烟道的截面一般以宽 9～16cm，高 18～25cm 为宜。若烟囱正面与炉膛接通，回烟道应从灶口两侧迂回炉膛外壁与烟囱侧面接通。

G. 需要铺瓷砖的灶面，应在试火确认炉灶性能良好后，方可铺贴。

3) 砌筑炉灶和附墙烟囱

当设计无要求时，尚应符合下列规定：

① 有防火层的炉灶或烟囱内表面距易燃烧体不应小于 240mm；无防火层的不应小于 370mm。

② 烟囱外表面距易燃烧体屋面结构(木屋架、木梁等)不应小于 120mm，距易燃烧体屋面不应小于 250mm。

③ 靠近易燃烧体的烟囱内表面，应抹砂浆。设置烟管时，应用砂浆填满所有缝隙。对有内衬的烟囱，其

内衬应用黏土砂浆或耐火泥砌筑。

④ 炉灶灰坑和灶门前地面如为易燃烧体，灰坑的底部应至少砌 4 皮砖，炉门前地面应用非燃烧材料覆盖。

⑤ 烟囱所有的灰缝均应填满砂浆。阁楼内及屋面至顶棚空间部分的烟囱外表面，应抹灰并刷石灰浆。

⑥ 砌筑烟道和通气孔道时，应防止砂浆、砖块等杂物落入。砌筑垂直烟道，宜采用桶式提芯工具，随砌随提。烟道下端应砌有出灰检查口。

⑦ 防火层应采用石棉或其他耐火材料制成。

4.3.6 其他砌体砌筑方法

(1) 各种砖柱的砌筑方法

砖柱(又称砖墩)一般可分为附墙砖柱(又称扶墙砖柱)和独立砖柱两种。

1) 附墙砖柱的砌筑方法

附墙砖柱与墙体连在一起，共同支承屋架或大梁，并可增加墙体的强度和稳定性。常在附墙柱上放置混凝土垫块，使屋架、大梁等的集中荷载均匀地传递到墙体上。有时将附墙柱砌成上部小，下部大(俗称抛脚墩子)，用来抵抗外来水平推力，增加墙体的抗倾覆能力。

砌筑附墙柱时，都应使墙与垛逐皮搭接，搭接长度不少于1/4砖长，头角(大角)根据错缝需要应用"七分头"组砌。组砌时不能采用"包心砌"的做法。墙与垛必须同时砌筑，不得留槎。同轴线多砖垛砌筑时，应拉准线控制附墙柱外侧的尺寸，使其在同一直线上。附墙柱的排砖见图 4-51。

2) 独立砖柱的砌筑方法

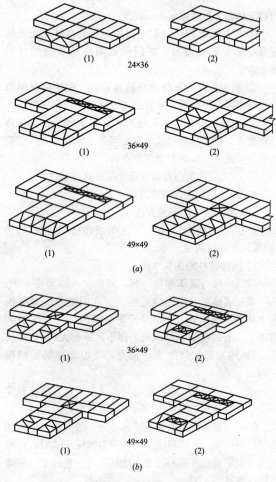

图 4-51 附墙垛的排砖
(a)理论排砖法;(b)习惯排砖法

独立砖柱是砖砌单独受力的柱,其形状较多,一般有方柱、多角柱、圆形柱等几种。

独立柱是支承上部楼盖系统传下的集中荷载。当砖柱受力较大时,可在水平灰缝中配置钢筋网片或采用配筋的组合砌体。在柱端要加做混凝土垫头,使集中荷载均匀地传递到砖柱截面上。

① 一般砖柱的砌筑:砌筑时先检查砖柱中心及标高,当多根柱子在同一轴线上时,要拉通线检查纵横柱网中心线;基础面有高低不平时,要进行找平,小于3cm的要用1:3水泥砂浆,大于3cm的要用细石混凝土找平,使各柱第一皮砖要在同一标高上。砌筑时要求灰缝密实,砂浆饱满,错缝搭接不能采用包心砌法,其组砌方法见图4-52所示。同时要注意砌角的平整与垂直,经常用线坠或托线板进行检查。

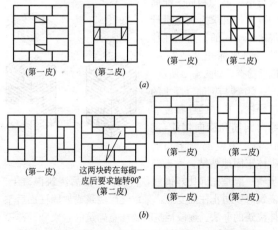

图 4-52 一般独立砖柱排砌

砖柱质量要求较高，一般规定，在2m范围内清水柱的垂直偏差不大于5mm，混水柱不大于8mm，轴线位移不大于10mm。每天的砌筑高度不宜超过1.8m，否则砌体砂浆产生压缩变形后，容易使柱子偏斜。

对称的清水柱在组砌时要注意两边对称，防止砌成阴阳柱。砌完一步架后要刮缝，清扫柱面，以备勾缝。砌楼层砖柱时，要检查上层弹的墨线位置是否与下层柱子有偏差。防止上层柱落空砌筑。

砖柱与隔墙相交时，柱身要留接槎，当不能留斜槎时，要加拉结钢筋，禁止在砖柱内留"母槎"这样将会减弱砖柱的截面，影响其承载能力。

② 有网状配筋的砖柱：这种砖柱的砌法和要求与不配筋的相同。配筋的数量与要求应满足设计规定，砌入的钢筋网在柱的一侧要露出1～2mm，以便检查，如图4-53所示。

③ 砖与钢筋混凝土的组合柱：这种砖柱都配有纵向钢筋和横向钢筋（图4-54）。为使混凝土与砖砌体牢固地粘结，其砌筑步骤一般是先绑扎好钢筋，再砌砖，然后浇筑混凝土。浇筑时要防止柱面变形，采取逐段浇筑或加固柱面后整体浇筑的办法。逐段浇筑时要注意砌筑的砂浆和碎砖不要掉入组合柱内，以免影响其质量。

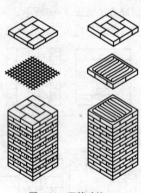

图4-53 配筋砖柱

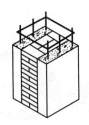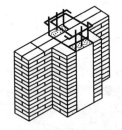

图 4-54 组合柱

在砌筑砖柱时使用的架子要牢固,架子不能靠在柱子上,更不能在柱身上留脚手洞。

④ 砖圆柱及多角形柱:圆柱和多角形柱子在砌筑时要注意以下几点:

A. 砌筑前首先要按圆形或多角形柱的截面放线,按线进行试摆,以确定砖的排砌方法。为了使砖柱内外错缝合理,砍砖少,又不出现包心现象,并达到外形美观,有时需摆排几种砖样,选择较为合理的一种排砖法。

然后加工弧形砖(砌圆形柱用)或切角砖(砌多角形柱用)用的木套板。在砖柱正式砌筑前,按套板加工所需要的各种弧面或切角异形砖。

B. 当砌筑圆形柱时,还需要做出圆形柱周的 1/4 或 1/2 弧形套板,用以检查圆柱砌筑的表面弧度是否正确。当圆柱每砌筑一皮砖后,用套板沿柱周进行弧面检查一次,每砌 3~5 皮砖,用托线板定点进行垂直度检查,至少要有 4 个检查点。

多角形柱每砌筑 2~3 皮砖,要用线坠检查每个角的垂直度,用托线板将多边形每边都检查一次,发现问题及时纠正。

在砌清水的圆柱或多边形柱时,选用的砖要质地坚实、棱角整齐。位于门厅、雨篷两边的柱,排砖要对称。加工砖的弧度和角度要与套板相对应,并编号堆放,加工面须磨刨平整。砌完后要清理灰缝,以备勾缝。砌筑方法基本上与方形柱相同。

(2) 拱碹砌筑方法

1) 平碹的砌筑方法

砖平碹又可分为立砖碹、斜形碹(又称扇子碹)、插入碹。见图4-26。

平碹是将砖立砌或侧砌成对称于中心而倾向两边的拱。当砖墙砌到门、窗上口平时,开始在洞口两边墙上留出2~3cm的错台,作为拱脚支点(又叫碹肩),然后,砌筑拱两端砖墙(即拱座)。拱座砌到与拱高齐高时,就可以在门、窗上口处按照拱的跨度支好平碹模板,如图4-55中所示。在模板的侧面(操作者一面)划出砖的块数及砖缝的宽度。砖的块数要求为单数,两边要互相对称。砌拱时,依所划砖与灰缝的位置从两端拱座同时开始。用立砖与侧砖交替砌筑,并向中间合拢,当中的一块砖要从上向下塞砌,并用砂浆填嵌密实。当采用普通砖砌平碹时,灰缝应呈楔形,上大下小,下部不应小于5mm。当拱高为24cm时,上部灰缝不宜大于15mm。应采用稠度较大的砂浆(5~6cm)进行灌缝刮浆,但不应用水冲灌浆。砂浆强度等级应不低于M5。

2) 弧碹的砌筑方法

弧碹由于起拱较大

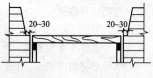

图4-55 平碹模板

(一般为跨度的 1/10～1/5)，可用作跨度 2～3m 的过梁。

它的砌筑方法基本与平碹相同。不同的是弧碹的外形呈圆弧形。模板按弧形支好后，砌好拱座。拱座的坡度线应与弧形胎模的切线相垂直，见图 4-27。

砌弧碹时同样要从两端拱座处向中间合拢，拱砖也应为单数。灰缝呈放射状，每道灰缝应与弧形胎模的对应点的切线相垂直，下部的灰缝不小于 5mm，上部的灰缝不大于 15mm。砌清水碹时，可以用加工磨制的楔形砖砌，这时的灰缝要上下一致，厚度要控制在 8～10mm。

3) 异形碹的砌筑方法

在砌墙的过程中，会碰到门、窗洞口或因其他用途的需要而留置圆形、椭圆形或其他形状的洞口，虽然形状不同，但砌筑方法大同小异。现将圆形碹的砌筑方法简单作一介绍。

当墙砌到圆碹底标高时，先在应砌圆碹的墙体位置上标出圆碹的垂直方向中心线，在中心线处砌一皮侧砖，两侧各砌一皮侧砖。然后将事先做好的半圆形碹架(一般只做半只碹模)放置在墙上圆碹的中心线，如图 4-56 所示。

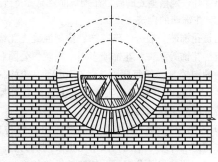

图 4-56 半圆形碹

先砌圆碹的下半部，下半部碹的砌筑与墙身同时进行，使墙身砖将碹砖顶住，以保证砌筑质量和外观的整齐。砌好后，再将拱架上翻支好，使拱架的中心线仍与墙面上的圆碹中心线在同一条直线上，上半部碹可在下半部碹砌完后一次砌完，然后再砌两边墙身。砌筑时，砖面要紧贴拱架，每块砖中心线的延线都必须通过碹的圆心。灰缝砌成内小外大的楔形。

砖拱过梁的优点是：节省钢筋和水泥，费用便宜，砌筑方便。所以在门、窗洞口宽度不大时，应鼓励采用。

4) 砌筑各种碹应注意的问题

无论砌筑任何碹，都应正确的运用碹模板。碹模板的设置直接影响到碹的质量和外观。模板除应放平外，还应根据各种碹的不同的要求：异形碹要根据中心线设置模板；砖平拱的模板要注意底板起拱；在跨度较大时，应在底板中部加设一根支撑等。底板的长度应比门、窗洞口尺寸小1cm。

底模板的拆除应在砂浆达到50%的设计强度后方可进行，以防止过梁变形或塌落。砌筑各种碹时，必须选用强度好、规格整齐的砖，在砌筑前要充分将砖湿润。

(3) 花饰墙的砌筑

砌筑花饰墙一般分砖砌花饰、预制混凝土花饰和小青瓦组拼花饰等几种。花饰墙多用于庭院、公园和公共建筑物的围墙。一般每隔2.5～3.5m砌一砖柱。在墙高1.2～1.4m以下是砖砌实体墙，上部是花饰墙，顶部用砖或混凝土做成压顶。

1) 砖砌花饰墙，是用普通标准砖组成各种图案。砌花饰与砌墙体基本相同，以采用坐浆砌筑为宜。砌筑砖花饰时先要将尺寸分配好，使砖的搭接长度一致，花饰大小相同，且均匀对称，灰缝密实均匀。砌完后要将缝刮进1cm左右，以备勾缝，砖要放平牢靠。为使花饰粘结牢固，宜用1∶2或1∶3水泥砂浆砌筑。砖砌花饰图案见图4-57。

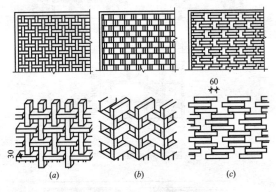

图4-57 砖砌花格

砌筑时要适当控制砌筑面积，不能一次连续砌得太多，防止在砂浆凝固前出现失稳和倾斜。

砌筑时应随砌随检查花饰墙的平直情况，并在砂浆未结硬前，纠正偏差。

2）预制混凝土花饰，是利用混凝土的可塑性在模子中浇制而成。其砌筑方法要求基本与砖花格相同。花饰图案见图4-58。

3）小青瓦花饰，是一种传统的做法，用小青瓦拼成各种图案（图4-59）。小青瓦花饰组砌时一般不用砂浆，而是利用瓦互相挤紧形成一整体，也可局部用砂浆组砌。小青瓦花饰一般都刷白浆，但组砌完后很难进行这一工作，所以在组砌前，先将小青瓦刷白浆。

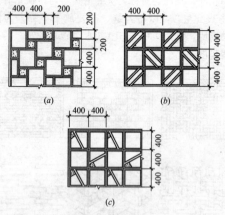

图 4-58 混凝土花格

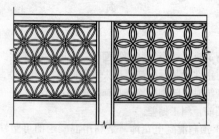

图 4-59 小青瓦花格

4.4 砌块砌体砌筑

4.4.1 实心砌块砌筑

(1) 组砌形式

1) 砌块排列应以主规格为主排列,不足一块时可以用次要规格代替,尽量做到不镶砖。

2) 排列时要使墙体受力均匀,注意到墙的整体性和稳定性,尽量做到对称布置,使砌体墙面美观。

3) 砌块必须错缝搭接,搭接长度应为砌块长的1/2,或者不少于1/3砌块高,纵横墙及转角处要隔层相互咬槎(图4-60)。

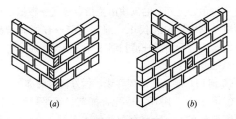

图 4-60 砌块墙的转角和交接
(a)转角;(b)交接

4) 错缝与搭接小于15cm时,应在每皮砌块水平缝处采用2ϕ6钢筋或ϕ4钢筋网片连接加固(图4-61),加强筋长度不应小于50cm。

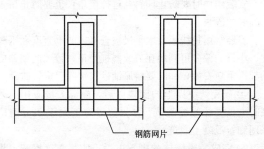

图 4-61 交接处钢筋网片连接形式

5) 层高不同的房屋应分层排列,有圈梁的要排列到圈梁底。如果砌块不符合楼层的高度,则可在砌块顶部砌砖补齐,也可以用加厚圈梁混凝土的方法来调节。砌块的组砌一般应先立角,后砌墙身。

(2) 砌筑要点

1) 工艺顺序

熟悉施工图和排列图→做好施工准备,找出墨斗线位置→将预先浇好水的砌块吊至指定地点→根据墨线铺摊砂浆→砌块就位和找正→灌嵌竖缝→普通砖镶砌工作→检验质量后勾缝→清扫墙面→清扫操作面。

2) 工艺要点

① 清扫基层,找出墨斗线,做好砌筑的准备。

② 铺砂浆,用瓦刀或配合摊灰尺铺平砂浆,砂浆层厚度控制在 1~2cm(有配筋的水平缝 1.5~2.5cm),长度控制在一块砌块的范围内。

③ 把砌块平整的一面朝向正面,放在铺好的砂浆上。以准线校核砌块的位置和平整度,较大的砌块可用水平尺校正。

安装砌块时要防止偏斜及碰掉棱角,也要防止挤走已铺好的砂浆。

要经常用托线板及水平尺检查砌体的垂直度和平整度,小量的偏差可利用瓦刀或撬棍拨正,较大的偏差应抬起后重新安放,同时要将原铺砂浆铲除后重新铺设。

④ 砌完两块以上的砌块以后,灌缝人员应用内外临时夹板夹住竖缝灌浆。如果竖缝宽度大于 2cm 时应采用细石混凝土灌筑。

⑤ 完成一段墙体的砌筑以后,应将灰缝抠清,将墙面和操作地点清扫干净,有条件时应随手把灰缝勾抹好。

3) 注意事项

① 砌前应核对楼地面的水平标高，进行内外墙的测量及弹线，划出墙身边线及门洞尺寸线，必要时还可划出第一皮砌块的排砌位置，并应设皮数杆。

② 吊装前砌块宜大堆浇水湿润，并将表面浮渣及垃圾扫清。

③ 镶砌砖的强度等级，应不低于砌块强度等级，镶砖用的砂浆应与砌块砂浆相同。

④ 砌块砌筑顺序，一般为先外墙后内墙，先远后近；从下到上按流水分段进行安砌。在一个吊装半径范围内，内外墙必须同时砌筑。

⑤ 砌筑时，应先吊装转角砌块（俗称定位砌块），然后再安砌中间砌块。砌块应逐皮均匀地安装，不应集中安装一处。砌块吊装应直起直落，下落速度要慢。

⑥ 砌筑砌块用的砂浆不低于 M2.5，宜用混合砂浆，稠度 7～8cm。水平灰缝铺置要平整，砂浆铺置长度较砌块稍长些，宽度宜缩进墙面约 5mm。竖缝灌浆应在安砌并校正好后及时进行。

⑦ 校正时一般将墙两端的定位砌块用托板校垂直后，中间部分拉准线校正。

⑧ 在施工分段处或临时间歇处应留踏步槎。每完成一吊装半径的墙体后，要把灰缝抠平压实，并将墙面清扫干净。

⑨ 施工时，所采用的砌块规格、品种、强度等级必须符合设计要求。外观颜色要均匀一致，棱角整齐方正，不得有裂纹、污斑、偏斜和翘曲等现象。

⑩ 砌块冬期施工使用的砂浆，可掺入化学外加剂，掺入量应参照砖石工程冬期施工的规定执行。

砌筑前，应先清除砌块表面的污垢和冰霜。清除时不要倾注热水，因为水在冷却后反而会在砌块表面结成薄冰层，不利于施工。砌筑停歇或下班后，墙面应用草帘覆盖保温。

⑪加气混凝土砌块由于强度较低，只适用于3层和3层以下的承重墙以及框架结构的填充墙、分隔墙等。其砌筑方法基本与前述砌块的施工方法相同。砂浆宜用混合砂浆，砌前砌块宜浇水湿润(加气混凝土砌块含水率宜小于15%；粉煤灰加气混凝土制品宜小于20%)。当采用加气混凝土砌块作承重墙时，要求纵横墙(包括柱)的交接处均应咬槎砌筑，并应沿墙高每米在灰缝内配置2φ6钢筋，每边伸入墙内1m左右，见图4-62，作为框架的填充墙或隔断墙时，也要求沿墙高每隔1m用2φ6钢筋与承重墙或柱子拉结，钢筋伸入墙内不小于1m，见图4-63。墙的上部要求与承重结构嵌牢。

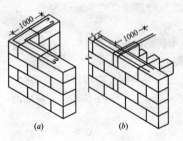
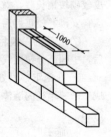

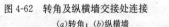

图4-62 转角及纵横墙交接处连接　　图4-63 砌块与柱的连接
(a)转角；(b)纵横墙

加气混凝土砌块强度较低，在运输和堆放时都要十分注意。堆放时地下要垫平，不要堆得过高，防止堆放过程中产生裂缝，造成损失。

加气混凝土砌块作为外墙时，必须在外墙面进行饰面处理，以提高墙体的耐久性。

砌筑其他注意事项：

① 不同干密度和强度等级的加气混凝土砌块不应混砌。加气混凝土砌块也不得和其他砖、砌块混砌。

② 切锯砌块应使用专用工具，不得用斧子或瓦刀等任意砍劈。洞口两侧应选用规则整齐的砌块砌筑。

③ 砌筑外墙时，不得留脚手眼。

④ 加气混凝土砌块墙与框架结构的连接构造、配筋带的设置与构造、门窗框固定方法与过梁做法，以及附墙固定件做法等均应符合设计规定。

⑤ 门窗框安装宜采用后塞口法施工。

(3) 质量安全要求

1) 质量要求

① 砌块要提前浇水润湿，清除表面尘土。

② 砂浆配合比要严格控制准确，稠度应适宜。

③ 墙面平整度与垂直度应符合砖墙的标准，水平灰缝应为 10~15mm，竖向灰缝应为 15~20mm。

④ 运输和吊装砌块前应做好质量复查工作，断折的砌块不宜使用，有裂缝的砌块不宜用在承重墙和清水墙上。

⑤ 校正砌块时不得在灰缝中塞石子或砖片，也不能强烈振动砌块。

⑥ 冬期施工时砌块不能浇水。

⑦ 砌体尺寸的允许偏差如表 4-10 所示。

砌块砌体的允许偏差 表 4-10

项　　目	砌体类型	允许偏差 (mm)	备　　注
砌体厚度		±8	
楼面标高		±15	
轴线位移		10	门窗洞允许为 20mm
墙面垂直		5	全高为 20mm
表面平整	清水墙 混水墙	5 8	用 2m 直尺检查
水平灰缝平直	清水墙 混水墙	7 10	用 10m 准线检查
水平灰缝厚度偏差	清水墙 混水墙	2 5	
游丁走缝	清水墙	20	

2) 安全要求

① 机械应由专人操作。

② 操作人员与司机人员应分工明确，密切配合，服从统一指挥。

③ 吊装用夹具、索具、杠棒等要经常检查其可靠性和安全度，不合格都应及时更换。

④ 砌筑人员不能站在墙上操作，也不能在刚砌好的墙上行走。

⑤ 禁止将砌块堆放在脚手架上备用。

⑥ 6 级以上大风停止操作。

⑦ 霜雪天应在正式操作前扫尽霜雪，认真检查脚手架，容易滑跌的部位钉好防滑条。

4.4.2 混凝土空心砌块砌筑

混凝土小型空心砌块包括普通混凝土小型空心砌块和轻骨料混凝土小型空心砌块(以下简称小砌块)。

(1) 一般构造要求

混凝土小型空心砌块砌体所用的材料,除满足强度计算要求外,尚应符合下列要求:

1) 对室内地面以下的砌体,应采用普通混凝土小砌块和不低于 M5 的水泥砂浆。

2) 5 层及 5 层以上民用建筑的底层墙体,应采用不低于 MU5 的混凝土小砌块和 M5 的砌筑砂浆。

3) 在墙体的下列部位,应用 C20 混凝土灌实砌块的孔洞:

① 底层室内地面以下或防潮层以下的砌体;

② 无圈梁的楼板支承面下的一皮砌块;

③ 没有设置混凝土垫块的屋架、梁等构件支承面下,灌实高度不应小于 600mm,长度不应小于 600mm 的砌体;

④ 挑梁支承面下,距墙中心线每边不应小于 300mm,高度不应小于 600mm 的砌体。

4) 砌块墙与后砌隔墙交接处,应沿墙高每隔 400mm 在水平灰缝内设置不少于 2ϕ4、横筋间距不大于 200mm 的焊接钢筋网片,钢筋网片伸入后砌隔墙内不应小于 600mm(图 4-64)。

(2) 夹心墙构造

混凝土砌块夹心墙由内叶墙、外叶墙及其间拉结件组成(图 4-65)。内外叶墙间设保温层。

内叶墙采用主规格混凝土小型空心砌块,外叶墙采用辅助规格(390mm×90mm×190mm)混凝土小型空心

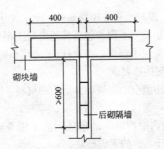

图 4-64　砌块墙与后砌隔墙交接处钢筋网片

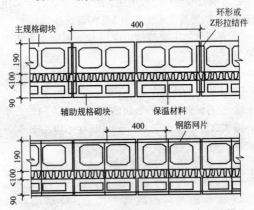

图 4-65　混凝土砌块夹心墙

砌块。拉结件采用环形拉结件、Z形拉结件或钢筋网片。砌块强度等级不应低于 MU10。

当采用环形拉结件时，钢筋直径不应小于 4mm；当采用 Z 形拉结件时，钢筋直径不应小于 6mm。拉结件应沿竖向梅花形布置，拉结件的水平和竖向最大间距分别不宜大于 800mm 和 600mm；对有振动或有抗震设防要求时，其水平和竖向最大间距分别不宜大于 800mm 和 400mm。

当采用钢筋网片作拉结件，网片横向钢筋的直径不应小于4mm，其间距不应大于400mm；网片的竖向间距不宜大于600mm，对有振动或有抗震设防要求时，不宜大于400mm。

拉结件在叶墙上的搁置长度，不应小于叶墙厚度的2/3，并不应小于60mm。

（3）芯柱设置

墙体的下列部位宜设置芯柱：

1）在外墙转角、楼梯间四角的纵横墙交接处的三个孔洞，宜设置素混凝土芯柱。

2）5层及5层以上的房屋，应在上述部位设置钢筋混凝土芯柱。

3）芯柱的构造要求如下：

① 芯柱截面不宜小于120mm×120mm，宜用强度等级不低于C20的细石混凝土浇筑；

② 钢筋混凝土芯柱每孔内插竖筋不应小于1φ10，底部应伸入室内地面下500mm或与基础圈梁锚固，顶部与屋盖圈梁锚固；

③ 在钢筋混凝土芯柱处，沿墙高每隔600mm应设φ4钢筋网片拉结，每边伸入墙体不小于600mm(图4-66)。

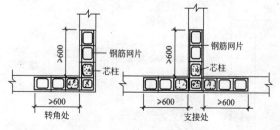

图4-66 钢筋混凝土芯柱处拉筋

4) 芯柱应沿房屋的全高贯通,并与各层圈梁整体现浇,可采用图 4-67 所示的做法。

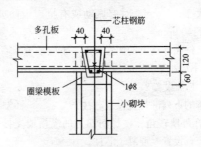

图 4-67 芯柱贯穿楼板的构造

在 6~8 度抗震设防的建筑物中,应按芯柱位置要求设置钢筋混凝土芯柱;对医院、教学楼等横墙较少的房屋,应根据房屋增加一层的层数,按表 4-11 的要求设置芯柱。

抗震设防区混凝土小型空心砌块房屋芯柱设置要求 表 4-11

房屋层数			设置部位	设置数量
6 度	7 度	8 度		
四	三	二	外墙转角、楼梯间四角、大房间内外墙交接处	外墙转角灌实 3 个孔;内外墙交接处灌实 4 个孔
五	四	三		
六	五	四	外墙转角、楼梯间四角、大房间内外墙交接处,山墙与内纵墙交接处,隔开间横墙(轴线)与外纵墙交接处	

续表

房屋层数			设置部位	设置数量
6度	7度	8度		
七	六	五	外墙转角，楼梯间四角，各内墙(轴线)与外墙交接处；8度时，内纵墙与横墙(轴线)交接处和洞口两侧	外墙转角灌实5个孔；内外墙交接处灌实4个孔；内墙交接处灌实4~5个孔；洞口两侧各灌实1个孔

芯柱竖向插筋应贯通墙身且与圈梁连接；插筋不应小于1φ12。芯柱应伸入室外地下500mm或锚入浅于500mm基础圈梁内。芯柱混凝土应贯通楼板，当采用装配式钢筋混凝土楼板时，可采用图4-68的方式实施贯通措施。

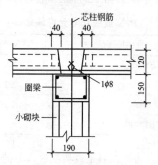

图4-68 芯柱贯通楼板措施

抗震设防地区芯柱与墙体连接处，应设置φ4钢筋网片拉结，钢筋网片每边伸入墙内不宜小于1m，且沿墙高每隔600mm设置。

(4) 砌块砌筑

1) 一般要求

① 小砌块应按现行国家标准《混凝土小型空心砌块》及出厂合格证进行验收,必要时,可现场取样进行检验。

② 装卸小砌块时,严禁倾倒丢掷,并应堆放整齐。

③ 堆放小砌块应符合下列要求:

A. 运到现场的小砌块,应分规格分等级堆放,堆垛上应设标志,堆放现场必须平整,并做好排水;

B. 小砌块的堆放高度不宜超过 1.6m,堆垛之间应保持适当的通道。

④ 承重墙体严禁使用断裂小砌块或壁肋中有竖向裂缝的小砌块。

⑤ 基础和底层墙体施工前,应分别用钢尺校核房屋的放线尺寸,并根据小砌块尺寸和灰缝厚度确定皮数和排数。砌体的尺寸和位置的允许偏差应符合表 4-12 的规定。

房屋放线尺寸允许偏差　　　　表 4-12

长度 L、宽度 B 的尺寸(m)	允许偏差(mm)
$L(B) \leqslant 30$	±5
$30 < L(B) \leqslant 60$	±10
$60 < L(B) \leqslant 90$	±15
$L(B) > 90$	±20

⑥ 底层室内地面以下或防潮层以下的砌体,应采用强度等级不低于 C20 的混凝土灌实砌体的孔洞。

⑦ 小砌块砌筑时的含水率,对普通混凝土小砌块,宜为自然含水率;当天气干燥炎热时,可提前喷水湿润;对轻骨料混凝土小砌块,宜提前 2d 以上浇水湿润。严禁雨天施工;小砌块表面有浮水时,亦不得施工。

⑧ 防潮层以上的小砌块砌体,应采用水泥混合砂

浆或专用砂浆砌筑,并宜采取改善砂浆和易性和粘结性的措施。

2) 砌筑要点

① 砌筑墙体时,应遵守下列基本规定:

A. 龄期不足 28d 及潮湿的小砌块不得进行砌筑。

B. 应在房屋四角或楼梯间转角处设立皮数杆,皮数杆间距不宜超过 15m。

C. 应尽量采用主规格小砌块,小砌块的强度等级应符合设计要求,并应清除小砌块表面污物和芯柱用小砌块孔洞底部的毛边。

D. 小砌块砌筑应从转角或定位处开始,内外墙同时砌筑,纵横墙交错搭接。外墙转角处应使小砌块隔皮露端面;T 字交接处应使横墙小砌块隔皮露端面,纵墙在交接处改砌两块辅助规格小砌块(尺寸为 290mm×190mm×190mm,一头开口),所有露端面用水泥砂浆抹平(图 4-69)。

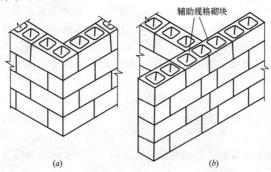

图 4-69 小砌块墙转角处及 T 字交接处砌法
(a)转角处;(b)交接处

小砌块应对孔错缝搭砌。上下皮小砌块竖向灰缝相互错开190mm。个别情况当无法对孔砌筑时,普通混凝土小砌块错缝长度不应小于90mm,轻骨料混凝土小砌块错缝长度不应小于120mm;当不能保证此规定时,应在水平灰缝中设置2φ4钢筋网片,钢筋网片每端均应超过该垂直灰缝,其长度不得小于300mm(图4-70)。

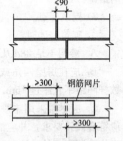

图4-70 水平灰缝中拉结筋

E. 墙体的转角处和内外墙交接处应同时砌筑。墙体临时间断处应砌成斜槎,斜槎长度与高度比应按小砌块的规格尺寸确定,一般长度为高度的2/3。

在非抗震设防地区,除外墙转角处外,墙体临时间断处可从墙面伸出200mm砌成阴阳槎,并应沿墙高每隔600mm设2φ6拉结筋或钢筋网片;拉结筋或钢筋网片必须准确埋入灰缝或芯柱内;埋入长度从留槎处算起,每边均不应小于600mm,外露部分不得随意弯折。设拉结筋或钢筋网片,接槎部位宜延至门窗洞口(图4-71)。

② 砌体灰缝应横平竖直,全部灰缝均应铺填砂浆;水平灰缝的砂浆饱满度不得低于90%;竖缝的砂浆饱满度不得低于80%;砌筑中不得出现瞎缝、透明缝;砌筑砂浆强度未达到设计要求的70%时,不得拆除过梁底部的模板。

小砌块砌体的水平灰缝厚度和竖向灰缝宽度宜为10mm,但不应小于8mm,也不应大于12mm。砌筑时

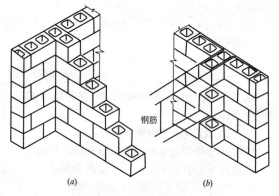

图 4-71 小砌块砌体斜槎和阴阳接
(a)斜槎;(b)阴阳槎

的一次铺灰长度不宜超过 2 块主规格块体的长度。

清水墙面,应随砌随勾缝,并要求光滑、密实、平整;拉结钢筋或网片必须放置于灰缝和芯柱内,不得漏放,其外露部分不得随意弯折。

③ 需要移动砌体中的小砌块或被撞动的小砌块时,应重新铺砌。

④ 小砌块用于框架填充墙时,应与框架中预埋的拉结筋连接,当填充墙砌至顶面最后一皮,与上部结构的接触处宜用实心小砌块斜砌楔紧。

⑤ 对设计规定的洞口、管道、沟槽和预埋件,应在砌筑墙体时预留和预埋,不得随意打凿已砌好的墙体。

⑥ 砌体内不宜设脚手眼,如必须设置时,可用 190mm×190mm×190mm 小砌块侧砌,利用其孔洞作脚手眼,砌体完工后用 C15 混凝土填实。但在墙体下列

部位不得设置脚手眼：

A. 过梁上部，与过梁成 60°的三角形及过梁跨度 1/2 范围内；

B. 宽度不大于 800mm 的窗间墙；

C. 梁和梁垫下及其左右各 500mm 的范围内；

D. 门窗洞口两侧 200mm 内和墙体交接处 400mm 的范围内；

E. 设计规定不允许设脚手眼的部位。

⑦ 墙体中作为施工通道的临时洞口，其侧边离交接处的墙面不应小于 600mm，并在顶部设过梁；填砌临时洞口的砌筑砂浆强度等级宜提高一级。

⑧ 常温条件下，小砌块墙体的日砌筑高度，宜控制在 1.4m 或一步脚手架高度内。

3) 素混凝土芯柱施工

① 芯柱部位宜采用不封底的通孔小砌块，当采用半封底小砌块时，砌前必须打掉孔洞毛边。

② 在楼(地)面砌筑第一皮小砌块时，在芯柱部位，应用开口砌块(或 U 形砌块)砌出操作孔，在操作孔侧面宜预留连通孔，必须清除芯柱孔洞内的杂物及削掉孔内凸出的砂浆，用水冲洗干净，校正钢筋位置并绑扎或焊接固定后，方可浇筑混凝土。

③ 芯柱钢筋应与基础或基础梁中的预埋钢筋连接，上下楼层的钢筋可在楼板面上搭接，搭接长度不应小于 $40d$。

④ 砌完一个楼层高度后，应连续浇筑芯柱混凝土。每浇筑 400～500mm 高度捣实一次，或边浇筑边捣实。浇筑混凝土前，先注入适量水泥浆；严禁灌满一个楼层后再捣实，宜采用机械捣实，混凝土坍落度不应小于

70mm，且宜掺加增大混凝土流动性的外加剂。

⑤ 芯柱与圈梁应整体现浇，如采用槽形小砌块作圈梁模壳时，其底部必须留出芯柱通过的孔洞。

⑥ 楼板在芯柱部位应留缺口，保证芯柱贯通。

⑦ 砌筑砂浆必须达到一定强度后（≥1.0MPa）方可浇筑芯柱混凝土。

芯柱施工中，应设专人检查混凝土灌入量，认可之后，方可继续施工。

4) 冬期施工注意事项

① 不得使用水浸后受冻的小砌块。砌筑前应清除冻雪等冻结物。小砌块工程冬期施工不得采用冻结法。

② 砌筑砂浆宜采用普通硅酸盐水泥拌制；砂内不得含有冰块和直径大于 10mm 的冻结块；石灰膏等应防止受冻，如遭冻结，应经融化后方可使用。拌合砂浆时，水的温度不得超过 80℃；拌合抗冻砂浆使用的外加剂，掺量需经试验确定，不得随意变更掺量。

③ 当日最低气温高于或等于 −15℃时，采用抗冻砂浆的强度等级应按常温施工提高一级；气温低于 −15℃时，不得进行砌块的组砌。

④ 每日砌筑后，应使用保温材料覆盖新砌砌体。

⑤ 解冻期间应对砌体进行观察，当发现裂缝、不均匀下沉等情况时，应分析原因并采取措施。

⑥ 芯柱、圈梁等混凝土工程冬期施工应符合现行国家标准《混凝土工程施工质量验收规范》冬期施工要求。

(5) 质量要求

1) 混凝土小砌块砌体的质量分为合格和不合格两

个等级。

混凝土小砌块砌体质量合格应符合以下规定：

① 主控项目全部符合规定；

② 一般项目应有80%及以上的抽检处符合规定或偏差值在允许偏差范围内。

2）主控项目：

① 小砌块和砂浆的强度等级必须符合设计要求。

抽检数量：每一生产厂家，每1万块小砌块至少应抽检一组。用于多层以上建筑基础和底层的小砌块抽检数量不应少于2组。砂浆试块的抽检数量：每一检验批且不超过250m³砌体的各种类型及强度等级的砌筑砂浆，每台搅拌机应至少抽检1次。

检验方法：查小砌块和砂浆试块试验报告。

② 砌体水平灰缝的砂浆饱满度，应按净面积计算不得低于90%；竖向灰缝饱满度不得小于80%；竖向缝凹槽部位应用砌筑砂浆填实，不得出现瞎缝、透明缝。

抽检数量：每检验批不应少于3处。

检验方法：用专用百格网检测小砌块与砂浆粘结痕迹，每处检测3块小砌块，取其平均值。

③ 墙体转角处和纵横墙交接处应同时砌筑。临时间断处应砌成斜槎，斜槎水平投影长度不应小于高度的2/3。

抽检数量：每检验批抽20%接槎，且不应少于5处。

检验方法：观察检查。

④ 砌体的轴线偏移和垂直度偏差应符合表4-13的规定。

混凝土小砌块砌体的轴线及垂直度允许偏差　表 4-13

项次	项　目		允许偏差(mm)	检验方法
1	轴线位置偏移		10	用经纬仪和尺检查或用其他测量仪器检查
2	垂直度	每层	5	用 2m 托线板检查
		≤10m	10	用经纬仪、吊线和尺检查,或用其他测量仪器检查
		>10m	20	

抽检数量：轴线查全部承重墙柱；外墙垂直度全高查阳角,不应少于 4 处,每层每 20m 查 1 处；内墙按有代表性的自然间抽 10%,但不应少于 3 间,每间不应少于 2 处,柱不少于 5 根。

3) 一般项目

① 砌体的水平灰缝厚度和竖向灰缝宽度宜为 10mm,但不应大于 12mm,也不应小于 8mm。

抽检数量：每层楼的检测点不应少于 3 处。

检验方法：用尺量 5 皮小砌块的高度和 2m 砌体长度折算。

② 小砌块砌体的一般尺寸允许偏差应符合表 4-14 的规定。

小砌块砌体一般尺寸允许偏差　表 4-14

项次	项　目		允许偏差(mm)	检验方法	抽检数量
1	基础顶面和楼面标高		±15	用水准仪和尺检查	不应少于 5 处
2	表面平整度	清水墙、柱	5	用 2m 靠尺和楔形塞尺检查	有代表性自然间 10%,但不应少于 3 间,每间不应少于 2 处
		混水墙、柱	8		

续表

项次	项　目	允许偏差(mm)	检验方法	抽检数量
3	门窗洞口高、宽(后塞口)	±5	用尺检查	检验批洞口的10%，且不应少于5处
4	外墙上下窗口偏移	20	以底层窗口为准，用经纬仪或吊线检查	检验批的10%，且不应少于5处
5	水平灰缝平直度　清水墙	7	拉10m线和尺检查	有代表性自然间10%，但不应少于3间，每间不应少于2处
	混水墙	10		

4.5　石砌体砌筑

砌石使用的砂浆，一般与砌砖所用砂浆相同，常用的砂浆强度等级有 M2.5 和 M5，但由于石料的吸水率较砖为小，所以所用的砂浆稠度应较砌砖为小，一般为 5~7cm。

在砌石前应将石料表面泥垢冲洗掉，冬期要将表面霜雪清扫干净。天气炎热时，在砌筑前应浇水湿润。

砌石使用的工具除瓦工常用工具外，还有手锤、大锤、小撬棍、勾缝抿子等。

4.5.1　毛石砌筑

(1) 毛石基础的砌筑

1) 毛石基础构造

毛石基础按其截面形状分有矩形、阶梯形及梯形(图 4-72)。各部尺寸由设计确定，但其顶面两侧最小宽度应比墙厚大 10cm。阶梯形截面的阶梯高宽比不小于 1:1，每一阶内的毛石至少为两层，每阶高不小于 30cm。如毛石砌到室内地坪以下 5cm 处，则在其上应设置防潮层；如砌至窗台底或更高时，因石料吸水率小，防潮性能好，可不做防潮层。

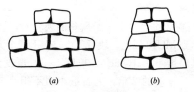

图4-72 毛石阶梯形及梯形基础
(a)阶梯形；(b)梯形

2) 砌筑要点

① 砌筑前要按图纸要求核准龙门板的标高、轴线位置，检查基槽的深度和宽度。

② 检查基槽的宽度、深度无误后，可放出基槽线及砌体中线和边线，再立挂线杆及拉准线。其做法是在基槽两端，每端的两侧各立一根木杆，再钉一横木杆连接，根据基槽宽度拉好立线，见图4-73(a)。然后根据墙基边线在墙阴阳角处先砌两皮较方整的石块，以此为准线，作为砌石的水平标准。还有一种是当砌矩形或梯形截面的基础时，按照设计尺寸，用5cm×5cm的小木

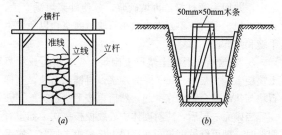

图4-73 立杆与截面样架
(a)挂线杆；(b)截面样架

条钉成基础截面形状,称样架。立于基槽两端,在样架上注明标高,两端样架相应标高用准线连接,作为砌筑的依据见图 4-73(b)。

③ 石料必须为坚实未经风化的块状石,且强度等级应该达到 MU10 以上;块石还应有上下两个大致平行的面,其厚度不小于 15cm,长度不超过厚度的 3 倍,宽度不超过厚度的 2 倍。毛石最小边不得小于 15cm。石料在砌筑前应用水冲洗干净,剔除风化石料。

④ 毛石砌体的砂浆一般宜用水泥砂浆,但由于毛石的缝隙较大,故可掺入一部分直径大于 5mm 的砂子,含泥量应满足规范要求,不能有树皮、草根等杂物。

⑤ 因为毛石无法明确分层,所以毛石基础的砌筑,只能以台阶高度为准挂线。开始砌第一层时,应选择比较方整的石块放在大角处,叫做角石或定位石。角石应三面方正,其高度最好能与大放脚高度相等,如果石块不合适,应使用手锤加工修整。由于地基不同有以下两种砌法:

A. 在土质垫层及砂垫层上的砌筑:先将大块石干砌满铺一皮,再将砂浆灌入空隙处,用小石块挤砌入砂浆中,并用手锤打紧,再填砂浆,务使砂浆填满空隙,石块平稳、密实。不允许先填小石块后灌浆,以免发生干缝和空缝。

B. 在岩石或混凝土垫层上砌筑:先在岩石或混凝土垫层上铺一层 3～4cm 厚的砂浆,再铺满石块,这样石块与垫层就会粘结在一起,然后再按上法砌筑。

当砌完一层后,应对砌体中心线校核一次,如没有偏斜时,即可继续砌筑。在底层上接砌第二层时,应采用铺浆砌筑法。

⑥ 砌筑第二层石块时要做到上下错缝。先把要砌的石块试摆，如试摆后尺寸和构造都合适，则可铺浆砌筑。铺浆的面积约为石块面积的 1/2，厚度为 4~5cm，离墙边 3~4cm 的范围内不铺浆，然后将经过试摆的石块砌上。

石块间的上下皮竖缝必须错开，并力求丁顺交错排列。每砌完一层后，其表面要求大致平整，不能有尖角、驼背、放置不稳等现象，以利上层砌筑时容易放稳，并保证有足够的接触面。

⑦ 为了保证墙体的整体性，每层间隔 1~2m 左右，必须砌一块横贯墙身的拉结石(又称丁石或满墙石)，上下层拉结石要互相错开位置，在立面上拉结石的位置呈梅花状［图 4-74(a)］。拉结石要选平面比较平整，长度超过墙厚 2/3 的石块。在砌石时，先砌里外两面石后再砌中间石，但应防止砌成夹心墙，见图 4-74(b)。即不得采用外面侧立石块中间填心的砌筑方法；中间不得有铲口石(尖石倾斜向外的石块)、斧刃石和过桥石(仅在两端搭砌的石块)。

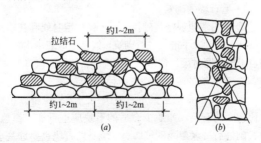

图 4-74 拉结石和夹心墙
(a)拉结石立面位置；(b)夹心墙

⑧ 墙基如需要留接槎时,不得留在外墙或纵横墙的结合处,要求至少应伸出外墙转角或纵横墙交接处1~1.5m,并留踏步接槎。

⑨ 收台阶处和顶层砌法。砌到大放脚收台处,要求台阶面基本水平,低洼处应用小石块填平。当砌到顶层时,更应注意挑选适当大小的石块,不能使用太小的石块作最后一层的砌筑。砌至规定高度后,如有高出标高的石尖,可用小锤修整,缺口和低洼部分用小石块铺砌齐平。上下两台阶的石块也应压接1/2左右。

⑩ 毛石基础中如遇沉降缝应分开两段砌筑,并且随时清理缝隙中的砂浆和石块,应达到设计规定的要求。

毛石基础中的预留洞,必须在砌筑中预留,不得事后开凿,以免松动周围石块。毛石基础砌好以后,应用小抿子将石缝嵌填密实,同时在龙门板上挂线复验轴线位置是否准确,并用红笔标志在基础的侧面石块上,再拆除挂线。

(2) 毛石墙及毛石与烧结普通砖组合墙的砌筑

1) 毛石墙的砌筑

① 毛石墙应根据基础找平层上弹的墙身线和在墙角标高杆上挂的水平准线进行砌筑,线杆上应表示出窗台、门窗上口、圈过梁、预留洞、预埋件、楼板和檐口等。

② 毛石墙的砌筑方法有两种,即:

A. 采用角石砌法:角石要选用三面都比较方正而且比较大的石块,如缺少合适的石块应进行加工修整。角石砌好后可以架线砌筑墙身,墙身的石块也要选基本平整的放在外面,选墙面石的原则是"有面取面,无面取凸",同一层的毛石要尽量选用大小相近的石块,同一面墙应把大的石块砌在下面，小的砌到上面。

B. 砖抱角砌法：砖抱角是在缺乏角石材料又要求墙角平直的情况下使用的。它不仅可用于墙的转角处，也可以使用在门窗口边。砖抱角的做法是在转角处(门窗口边)砌上一砖到一砖半的角，一般砌成五进五出的弓形槎，砌筑时应先砌墙角的5皮砖，然后再砌毛石，毛石上口要基本与砖面平，待毛石砌完这一层后，再砌上面的5皮砖，上面的5皮要伸入毛石墙身半砖长，以达到拉结的要求(图4-75)。

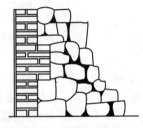

图4-75 砖抱角砌法

③ 毛石墙的砌筑方法与基础墙基本相同，但应注意以下几点：

A. 采用铺浆挤砌法分层砌筑，上下石块要相互错缝，内外搭接。不得采用外面侧砌立石，中间填心的砌法。毛石墙的灰缝厚度应控制在2~3cm。

图4-76和图4-77分别为毛石墙转角、接头和墙身砌筑的要求。

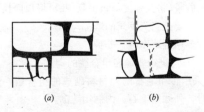

图4-76 毛石墙的转角和接头(虚线表示下层石块位置)
(a)墙角；(b)丁字接头

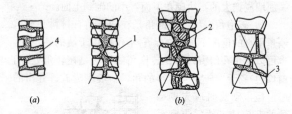

图 4-77 毛石墙身的砌筑
1—淌水石；2—夹心墙；3—铲口石；4—连心石

B. 毛石墙每天砌筑高度不应超过 1.2m，以免因砂浆未充分凝固，造成墙身鼓肚倒塌。

C. 临时间断处应留成踏步槎，踏步槎高度不应超过 1.2m。

D. 砌砖抱角毛石墙时，应将砖砌入毛石墙内使砖墙与其拉结。

E. 毛石墙的外观要求较基础高，砌筑时应注意选石，三面方正的用作角石，一面较平的用作面石。不规则的要打边取角，规格大小应搭配使用。

F. 当砌体快砌到墙顶设计标高时，应注意挑选尺寸大致相等的石块砌筑。为提高砌体顶面平整与牢固，可用砌筑砂浆（将其强度等级提高一级）将顶面找平。砌筑结束时，要把当天砌筑的墙都勾好砂浆缝。砌好的毛石砌体，要用湿草席覆盖养护。

2) 毛石与烧结普通砖组合墙的砌筑

① 采用砖和毛石两种材料砌成的组合墙，当应用于外墙时，外侧用毛石，内侧用砖砌。

② 毛石砌体和砖砌体应同时砌筑，并每隔 4~6 皮砖将砖与毛石砌体连接，两种砌体之间用砂浆填塞。

③ 当用砖与毛石两种材料分别砌筑纵墙与横墙时,其转角和交接处也应同时砌筑,砖墙与毛石墙之间也采用伸出砖块的办法连接。内外层组合墙的构造如图 4-78 所示。

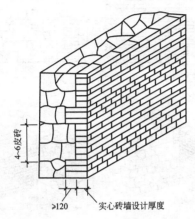

图 4-78 毛石和实心砖组合墙

毛石和砖内外墙组合的转角、交接处的构造如图 4-79 所示。

3) 毛石墙面勾缝

① 勾缝砂浆。宜用 1:1 至 1:3 的水泥砂浆,并采用普通水泥,不宜用火山灰质水泥。勾缝砂浆的稠度为 4~5cm。砂子宜用粒径为 0.3~1mm 细砂。

② 勾平缝。先将毛石墙缝刮深 2cm,再在墙上浇水,用小抿子将托灰板上的灰浆嵌入石缝中。

③ 勾凸缝。将墙面上原缝刮深 2cm 左右,浇水湿润后用砂浆打底,抹与墙面平。然后用扫帚扫出毛面,待砂浆初凝后,抹第二层,其厚度约 1cm,接着用小抿

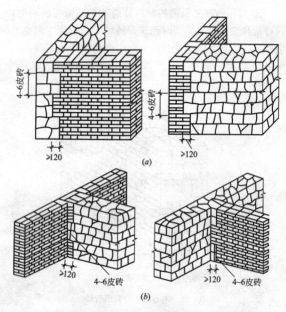

图 4-79 毛石和实心砖组合墙的构造
(a)转角处构造；(b)交接处构造

子抹光压实。稍停，等砂浆收水后，将灰缝做成 10~25mm 宽窄一致的凸缝。

④ 勾凹缝。先用铁钎子将毛石墙修凿整齐，并刮深 3cm，在墙面浇水湿润后，用小抿子将砂浆勾入墙缝内，灰缝凹入墙面 5mm 左右，然后用小抹子抹光压平。

4.5.2 料石砌体砌筑

料石砌体所用的料石，按其加工面的平整程度分为细料石、粗料石和毛料石三种。

（1）料石加工

1) 料石各面加工要求，应符合表 4-15 的规定。

料石各面的加工要求　　　表 4-15

料石种类	外露面及相接周边的表面凹入深度	叠砌面和接砌面的表面凹入深度
细料石	不大于 2mm	不大于 10mm
粗料石	不大于 20mm	不大于 20mm
毛料石	稍加修整	不大于 25mm

注：相接周边的表面系指叠砌面、接砌面与外露面相接处 20～30mm 范围内的部分。

2) 各种砌筑用料石的宽度、厚度均不宜小于 200mm，长度不宜大于厚度的 4 倍。

料石加工的允许偏差应符合表 4-16 的要求。

料石加工的允许偏差　　　表 4-16

料石种类	允 许 偏 差	
	宽度、厚度(mm)	长度(mm)
细料石	±3	±5
粗料石	±5	±7
毛料石	±10	±15

注：如设计有特殊要求，应按设计要求加工。

(2) 料石砌体砌筑要点

1) 料石砌体的灰缝厚度，应按料石的种类确定：细料石砌体不宜大于 5mm；粗料石和毛料石砌体不宜大于 20mm。

2) 砌筑料石砌体时，料石应放置平稳。砂浆铺设厚度应略高于规定灰缝厚度，其高出厚度：细料石宜为 3～5mm；粗料石、毛料石宜为 6～8mm。

3) 料石基础砌体的第一皮应用丁砌层坐浆砌筑,阶梯形料石基础,上级阶梯的料石应至少压砌下级阶梯的 1/3 [图 4-80(a)]。

4) 料石砌体应上下错缝搭砌。砌体厚度等于或大于两块料石宽度时,如同皮内全部采用顺砌,每砌两皮后,应砌一皮丁砌层 [图 4-80(b)];如同皮内采用丁顺组砌,丁砌石应交错设置,其中心间距不应大于 2m。

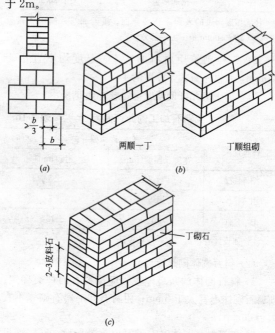

图 4-80 料石组砌形式

(a)阶梯形料石基础;(b)料石墙砌筑形式;(c)料石和砖的组合墙

5)用整块料石作窗台板,其两端至少应伸入墙身100mm。在窗台板与其下部墙体之间(支座部分除外)应留空隙,并应采用沥青麻刀等材料嵌塞。

6)在料石和毛石或砖的组合墙中,料石砌体和毛石砌体或砖砌体应同时砌筑,并每隔2~3皮料石层用丁砌层与毛石砌体或砖砌体拉结砌合。丁砌料石的长度宜与组合墙厚度相同[图4-80(c)]。

7)用料石作过梁,如设计无具体规定时,厚度应为200~450mm,净跨度不宜大于1.2m,两端各伸入墙内长度不应小于250mm,过梁宽度与墙厚度相等,也可用双拼料石(图4-81)。

过梁上续砌墙时,其正中石块不应小于过梁净跨度的1/3,其两旁应砌不小于2/3过梁净跨度的料石。

8)用料石作平拱,应按设计图要求加工。如设计无规定,则应加工成楔形(上宽下窄),斜度应预先设计,拱两端部的石块,在拱脚处坡度以60°为宜。平拱石块数应为单数,厚度与墙厚相等,高度为2皮料石高。拱脚处斜面应修整加工,使与拱石相吻合(图4-82)。

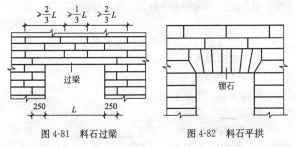

图4-81 料石过梁　　图4-82 料石平拱

砌筑时,应先支设模板,并以两边对称地向中间砌,正中一块锁石要挤紧。所用砂浆不低于M10,灰缝厚度宜为5mm。

拆模时，砂浆强度必须大于设计强度的70%。

9）用料石作圆拱，石块应进行细加工，使其接触面吻合严密，形状及尺寸均应符合设计要求。

砌筑时应先支模，并由拱脚对称地向中间砌筑，正中一块拱冠石要对中挤紧。砂浆强度等级、灰缝厚度及拆模时间要求与第8）条相同。

4.5.3 质量与安全要求

（1）质量要求

1）石砌体质量分为合格和不合格两个等级。

石砌体质量合格应符合以下规定：

① 主控项目应全部符合规定；

② 一般项目应有80%及以上的抽检处符合规定，或偏差值在允许偏差范围以内。

2）主控项目

① 石材及砂浆强度等级必须符合设计要求。

抽检数量：同一产地的石材至少应抽检一组。砂浆试块抽检数量：每一检验批且不超过250m³砌体的各种类型及强度等级的砌筑砂浆，每台搅拌机应至少抽检一次。

检验方法：料石检查产品质量证明书，石材、砂浆检查试块试验报告。

② 砂浆饱满度不应小于80%。

抽检数量：每步架抽查不应少于1处。

检验方法：观察检查。

③ 石砌体的轴线位置及垂直度允许偏差应符合表4-17的规定。

石砌体的轴线位置及垂直度允许偏差　　表 4-17

项次	项目		允许偏差(mm)					检验方法
			毛石砌体		料石砌体			
					毛料石		粗料石		细料石	
			基础	墙	基础	墙	基础	墙	墙、柱	
1	轴线位置		20	15	20	15	15	10	10	用经纬仪和尺检查，或用其他测量仪器检查
2	墙面垂直度	每层		20		20		10	7	用经纬仪、吊线和尺检查或用其他测量仪器检查
		全高		30		30		25	20	

抽检数量：外墙，按楼层(或 4m 高以内)每 20m 抽查 1 处，每处 3 延长米，但不应少于 3 处；内墙，按有代表性的自然间抽查 10%，但不应少于 3 间，每间不应少于 2 处，柱子不应少于 5 根。

3) 一般项目：

① 石砌体的一般尺寸允许偏差应符合表 4-18 的规定。

抽检数量：外墙，按楼层(4m 高以内)每 20m 抽查 1 处，每处 3 延长米，但不应少于 3 处；内墙，按有代表性的自然间抽查 10%，但不应少于 3 间，每间不应少于 2 处，柱子不应少于 5 根。

② 石砌体的组砌形式应符合下列规定：

A. 内外搭砌，上下错缝，拉结石、丁砌石交错设置；

石砌体的一般尺寸允许偏差　　表 4-18

项次	项目		允许偏差(mm)						检验方法
			毛石砌体		料石砌体				
			基础	墙	基础	墙	基础	墙	墙、柱	
1	基础和墙砌体顶面标高		±25	±15	±25	±15	±15	±15	±10	用水准仪和尺检查
2	砌体厚度		+30	+20 -10	+30	+20 -10	+15	+10 -5	+10 -5	用尺检查
3	表面平整度	清水墙、柱	—	20	—	20	—	10	5	细料石用2m靠尺和楔形塞尺检查，其他用两直尺垂直于灰缝拉2m线和尺检查
		混水墙、柱	—	20	—	20	—	15	—	
4	清水墙水平灰缝平直度		—	—	—	—	—	10	5	拉10m线和尺检查

B. 毛石墙拉结石每 0.7m² 墙面不应少于 1 块。

抽检数量：外墙，按楼层（或 4m 高以内）每 20m 抽查 1 处，每处 3 延长米，但不应少于 3 处；内墙，按有代表性的自然间抽查 10%，但不应少于 3 间。

检验方法：观察检查。

(2) 安全要求

1) 砌筑毛石要搭设两面脚手架，脚手架小横杆要尽量从门窗洞口穿过，或者采用双排脚手架。必须留置脚手洞时，脚手洞要与墙面缝式吻合，混水墙的脚手洞可用C20混凝土堵补,清水墙则要留出配好的块石以待修补。

2)基础砌筑时,严禁在基槽边抛掷石块,应从斜道上运下。抬运石料的斜道应有防滑措施,石料的垂直运输设备应有防止石块滚落的设施。

3)毛石不得在墙上加工,以防止震松墙上石块滚落伤人。加工石料应佩戴风镜或平光眼镜,以防石屑崩出伤人。

4)砌筑毛石砌体时,周围不应有打桩、爆破等强烈震动,以免震塌砌体。

5 瓦屋面、砖地面及下水工程施工

5.1 坡屋面挂瓦

5.1.1 平瓦屋面

(1) 施工前准备工作

1) 技术条件准备

A. 检查屋面基层油毡防水层是否平整，有无破损，搭接长度是否符合要求，挂瓦条是否钉牢，间距是否正确。檐口挂瓦条应满足檐瓦出檐 5~7cm 的要求。

B. 检查脚手架的牢固程度，高度是否超出檐口 1m 以上。

2) 材料准备

A. 凡缺边、掉角、裂缝、砂眼、翘曲不平和缺少瓦爪的瓦不得使用，并准备好山墙、天沟处的半片瓦。

B. 运瓦可利用垂直运输机械运到屋面标高，然后分散到檐口各处堆放。向屋顶运输要分散堆放在坡屋面上，防止碰破油毡。

C. 瓦在屋面上的堆放，以一垛九块均匀摆开，横向瓦堆的间距约为两块瓦长，坡向间距为两根瓦条，呈梅花状放置，称"一步九块瓦"见图 5-1(a)。亦可每四根瓦条间堆放一行(俗称一铺四)，开始先平摆 5~6 张瓦(俗称搭登子)作为靠山，然后侧摆堆放，见图 5-1(b)。

在堆瓦时应两坡同时进行，以免屋架受力变形。

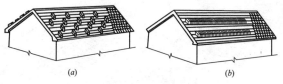

图 5-1 平瓦堆放

(2) 铺瓦

1) 铺瓦的顺序是先从檐口开始到屋脊,从每坡屋面的左侧山头向右侧山头进行。檐口的第一块瓦应拉准线铺设,平直对齐,并用镀锌钢丝和檐口挂瓦条拴牢。

2) 上下两楞瓦应错开半张,使上行瓦的沟槽在下行瓦当中,瓦与瓦之间应落槽挤紧,不能空搁,瓦爪必须勾住挂瓦条。

3) 在风大地区、地震区或屋面坡度大于 30°的瓦屋面及冷摊瓦屋面,瓦应固定,每一排一般要用 20 号镀锌钢丝穿过瓦鼻小孔与挂瓦条扎牢。

4) 一般矩形屋面的瓦应与屋檐保持垂直,可以间隔一定距离弹好垂直线加以控制。

(3) 天沟、戗角(斜脊)与泛水做法

1) 天沟和戗角(斜脊)处一般先试铺,然后按天沟走向弹出墨线编号,并把瓦片切割好,再按编号顺序铺盖。天沟的底部用厚度为 0.45~0.75mm 的镀锌钢板铺盖,铺盖前应涂刷两道防锈漆,一般薄钢板应伸入瓦下面不少于 150mm。瓦铺好以后用掺麻刀的混合砂浆抹缝,见图 5-2(a)。戗角(斜脊)也要按天沟做法弹线、编号,切割瓦片。待瓦片铺设好以后,再按做脊的方法盖上脊瓦,见图 5-2(b)。

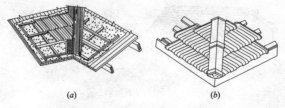

图 5-2 天沟及戗角(斜脊)
(a)天沟；(b)戗角

2)山墙处的泛水，如果山墙高度与屋面平，则只要在山墙边压一行条砖，然后用 1:2.5 水泥砂浆抹严实做出披水线就行了；如果是高出屋面的山墙(高封山)，其泛水做法见图 5-3。

(4)做脊

铺瓦完成后，先在屋脊两端各稳上一块脊瓦，然后拉好通线，用 M0.4 石灰砂浆将屋脊处铺满，先后依次扣好脊瓦。要求脊瓦内砂浆饱满密实，以防被风掀掉，脊瓦盖住平瓦的边必须大于 4cm，脊瓦之间的搭接缝隙和脊瓦与平瓦之间的搭接缝隙，应用掺有麻刀的混合砂浆填实。

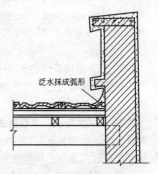

图 5-3 高封山泛水做法

屋脊和斜脊应平直，无起伏现象。

(5)质量要求

1)铺瓦时应尽量不在已铺好的瓦上行走，避免将瓦踩坏。如必须在瓦上行走时，应踩瓦的两头，不踩中间。铺瓦过程中发现破损瓦要及时更换，整个屋面铺瓦完毕后应清扫干净。

2) 允许偏差：

A. 脊瓦和坡瓦的搭接长度不小于 40mm；

B. 天沟、斜沟、檐沟防水层伸入瓦片下长度不小于 150mm；

C. 瓦头挑出檐口长度 50~70mm；

D. 突出屋面的墙或烟囱的侧面瓦伸入泛水的长度不小于 50mm。

(6) 安全注意事项

1) 铺盖屋面瓦片时，檐口处必须搭设防护设施。顶层脚手面应在檐口下 1.2~1.5m 处，并满铺脚手板，外排立杆应绑设护身杆，并高出檐口 100cm，设三道护栏外挂安全网，第一道应高出脚手面 50cm 左右，以此往上再设两道。上人屋面应搭设专用爬梯，不得攀爬檐口和山墙上下，每天上班应先检查脚手架的稳固情况。

2) 雨期和冬期，应打扫雨水和霜雪，并增设防滑设施。

3) 屋面材料必须均匀堆放，支垫平整。两侧坡屋面要对称堆放，特别是屋架承重时，若不对称堆放可能引起因屋架受力不匀而倒塌。

4) 屋面施工系高处作业，散碎瓦片及其他物品不得任意抛掷，以免伤人。

5) 上岗前应对操作者进行健康检查，有高血压、心脏病、癫痫病者不得从事高处作业。在坡屋面上行走时，应面向屋脊或斜向屋脊，以防滑倒。

5.1.2 小青瓦屋面

(1) 小青瓦的屋面形式

小青瓦又叫蝴蝶瓦、合瓦，是阴阳瓦的一种。它的铺法分为阴阳瓦屋面和仰瓦屋面两种。阴阳瓦屋面是将仰瓦与俯瓦间隔成行，俯瓦盖于仰瓦垄上［图 5-4(a)］；仰瓦屋面是全部用仰瓦铺成行列，垄上抹灰埂［图 5-4(b)］或不抹灰埂［图 5-4(c)］。

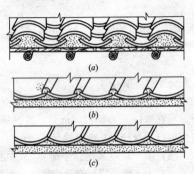

图 5-4 小青瓦屋面形式
(a)阴阳瓦；(b)有灰埂仰瓦；(c)无灰埂仰瓦

小青瓦的规格见表 5-1。

小青瓦规格(mm)　　　　　　表 5-1

简　图	长 a	大头宽 b	小头宽	厚 d
	170～230	170～230	150～210	8～12

（2）瓦的运送与堆放

小青瓦堆放场地应靠近施工的建筑物，瓦片立放成条形或圆形堆，高度以5~6层为宜。不同规格的青瓦应分别堆放。瓦应尽量利用机具升运到脚手架上，然后利用脚手架靠人力传递分散到屋面各处堆放。

小青瓦应均匀有次序地摆在椽子上，阴瓦和阳瓦分别堆放，屋脊边应多摆一些。

(3) 铺筑要点

1) 铺挂小青瓦前，要先在屋架上钉檩条，在檩条上钉椽子，在椽子上铺苫席或苇箔、荆笆、望板等，然后铺苫泥背，小青瓦便铺设在苫泥背上。一般在铺前先做脊。

2) 小青瓦的屋脊有人字脊(采用平瓦的脊瓦)、直脊(瓦片平铺于屋脊上或竖直排列于屋脊，两端各叠一垛，作为瓦片排列时的靠山)与斜脊(瓦片斜立于屋脊上，左右与中间成对称)等几种。

做脊前，先按瓦的大小，确定瓦楞的净距(一般为5~10cm)，事先在屋脊安排好。两坡仰瓦下面用碎瓦、砂浆垫平，将屋脊分档瓦楞窝稳，再铺上砂浆，平铺俯瓦3~5张，然后在瓦的上口再铺上砂浆，将瓦均匀地竖排(或斜立)于砂浆上，瓦片下部要嵌入砂浆中窝牢不动。铺完一段，用靠尺拍直，再用麻刀灰将瓦缝嵌密，露出砂浆抹光，然后可以铺列屋面小青瓦。

3) 铺瓦时，檐口按屋脊瓦楞分档用同样方法铺盖3~5张底盖瓦作为标准。

① 檐口第一张底瓦，应挑出檐口5cm，以利排水。

② 檐口第一张盖瓦，应抬高2~3cm(2~3张瓦高)，其空隙用碎石、砂浆嵌塞密实，使整条瓦楞通顺平直，保持同一坡度，并用纸筋灰镶满抹平(俗称扎口)，见图5-5。

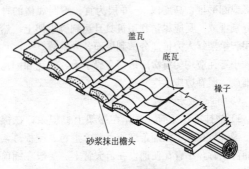

图 5-5 小青瓦屋面扎口

③ 不论底瓦或盖瓦,每张瓦搭接不少于瓦长的 2/3(俗称"一搭三"),要对称。

④ 铺完一段,用 2m 长靠尺板拍直,随铺随拍,使整楞瓦从屋脊至檐口保持前后整齐正直。

⑤ 檐口瓦楞分档标准做好后,自下而上,从左到右,一楞一楞地铺设,也可以左右同时进行。为使屋架受力均匀,两坡屋面应同时进行。

⑥ 悬山屋面、山墙应多铺一楞盖瓦,挑出半张作为披水。硬山屋面用仰瓦随屋面坡度侧贴于墙上作泛水。冷摊瓦屋面,将底瓦直接铺在椽子上。

⑦ 我国南方沿海一带,因台风关系,对小青瓦屋面的屋脊及悬山屋面的披水,用麻刀灰浆铺砌一皮顺砖,或再用纸筋灰刮糙粉光(俗称佩带)。仰俯瓦(即底盖瓦)搭接处用麻刀灰嵌实粉光(俗称杠槽)。盖瓦每隔 1m 左右用麻刀灰铺砌一块顺砖并与盖瓦缝嵌密实,相邻两行前后错开(俗称压砖)。扎口与前述相同。

⑧ 小青瓦屋面的斜沟与平瓦屋面的斜沟做法基本相同。在斜沟处斜铺宽度不小于 50cm 的镀锌薄钢板或

油毡,并铺成两边高中间低的洼沟槽;然后在镀锌薄钢板或油毡两边,铺盖小瓦(底瓦和盖瓦),搭盖10~15cm,瓦的下面用混合砂浆填实压光,以防漏水。

⑨ 屋面铺盖完后,应对屋面全面进行清扫,做到瓦楞整齐,瓦片无翘角破损和张口现象。

5.1.3 筒瓦屋面

(1) 筒瓦屋面形式

筒瓦是阴阳瓦中的一种,其形状呈半圆筒形,有青、红色筒瓦及涂有彩釉的琉璃瓦。

按其铺排的朝向,仰铺相叠连接成沟槽者叫做底瓦。底瓦呈板状形(又称板瓦),但板面微凹扁而宽[图5-6(a)];俯盖于两底瓦之上者叫盖瓦[图5-6(b)]。

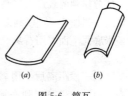

图 5-6 筒瓦
(a)底瓦;(b)盖瓦

筒瓦不论底瓦还是盖瓦都有大小头,在铺叠时弧面应能密贴吻合。底瓦于檐口处应改用滴水瓦,雨水流经滴水瓦端头下垂的尖圆形瓦片排走。盖瓦于檐口处则用花边瓦或勾头瓦(又称勾头筒)。盖瓦因高出底瓦,其下面所形成的空隙,就是靠花边瓦或勾头瓦端部下垂的扇形或圆形瓦片封住,起保护作用(俗称瓦当)。

(2) 铺筑要点

1) 在铺瓦前应对瓦片进行挑选,凡有裂缝、砂眼、缺角、掉边和翘曲的都不能用。但有些能利用在斜脊处,应集中堆放,待做脊时弹线后再进行加工使用。

底瓦与底瓦相叠搭接均为3cm,盖瓦覆于底瓦之上,其搭接一般为2.5~3cm,底瓦之间净距及沟宽视瓦的规格而定，一般前者为 6cm，后者为 8～16cm。

在铺前最好先在地上试铺 1～2 楞，长 1m 左右，认为合适后即可画出样棒，然后按照样棒在屋面上进行瓦楞分档。若最后不足一楞、半楞又有多余时，要根据山墙的形式进行调整（硬山边楞为盖瓦，女儿墙边楞为底瓦，底、盖瓦都要有一半嵌入墙中）。

2）铺瓦前应先将瓦片浇水润湿，以便砂浆与瓦片有较好的粘结力。

铺时应从下而上，从右到左或从左到右均可，但必须按分楞弹的线进行，底瓦大头朝下，檐口第一张底瓦要离开封檐 5cm，以利排水。若檐口不用滴水瓦时，第一张底瓦下面要用石灰混合砂浆坐灰，并以碎砖、碎瓦垫塞密实。

铺一段距离后，用靠尺板检查瓦片是否平直、整齐、通顺。待第二列底瓦铺出一段长度后就可铺挂盖瓦。此时，在盖瓦下要铺满同样砂浆，但不要超出搭接范围，使盖瓦能坐灰覆上，用手推移找准，使能对称搭在两列瓦上，合适后方可将盖瓦压实。其余部分均按此法继续铺挂。对瓦缝应随铺随勾。

3）做脊前，应计划好张数，尽量避免有破活。如铺到屋脊必须砍瓦时，应用钢锯条锯断。在统一加工好后，再开始做脊。做脊时，先将脊瓦分布在屋脊的第二楞瓦上，窝好一端脊瓦，另一端干叠两张脊瓦，拉好准线，然后在两坡屋脊第一楞瓦口上铺水泥石灰砂浆，宽 5～8cm，把脊瓦放上，对准准线用手撖压窝牢。铺好后用水泥麻刀灰嵌缝（脊瓦之间缝及脊瓦与筒瓦的搭接缝）。

在斜缝（或天沟）交接处应先试铺，弹线，编好号，再按编号进行铺设。

5.2 砖(块)地面和块石路面铺砌

5.2.1 砖(块)地面铺砌

砖(块)墁地面多用于室内地面及室外人行道、散水等处。

(1) 地面砖(块)材料

1) 面层材料

① 烧结普通砖：一般砌筑用砖，要求外形尺寸一致、不挠曲、不裂缝、无缺角，强度等级不低于MU7.5。

② 缸砖：一般规格为 100mm×100mm×10mm 和 150mm×150mm×10mm，要求外观尺寸准确、密实坚硬、表面平整、颜色一致、无黑斑、不裂、不缺损。

③ 水泥砖：水泥平面砖常用规格为 200mm×200mm×25mm；格面砖有 9 分格和 16 分格两种，常用规格为 250mm×250mm×30mm、250mm×250mm×50mm 等。要求强度符合设计要求，边角整齐、表面平整光滑。

④ 预制混凝土块板：预制混凝土块板，一般有正方形、长方形和多边六角形。常用规格为 495mm×495mm，路面块厚度不应小于 100mm；人行道及庭院块厚度应大于 50mm。要求外观尺寸准确，边角方正，无扭曲、缺棱、掉角，表面平整，强度不应小于 $20N/mm^2$ 或符合设计要求。

2) 结合层材料

地面砖(块)所用结合层材料，多采用砂、石灰(水泥)砂浆以及沥青玛琋脂等。

① 砂结合层厚度为 20～30mm。应采用洁净无有机杂质的砂，不得采用冻结的砂块，使用前应过筛。

② 水泥砂浆的配合比为水泥：砂＝1：2 或 1：2.5，稠度为 2.5～3.5cm。水泥应采用强度等级不低于 32.5 的水泥。

砂浆结合层厚度为 10～15mm。

③ 沥青玛琋脂，常采用石油沥青玛琋脂，厚度为 2～5mm，其标号可按设计要求经过试验确定。

(2) 砖(块)地面铺砌工艺

1) 工艺流程

准备工作→拌制砂浆→排砖组砌→铺地砖→养护，清扫干净。

2) 铺筑要点

砖(块)铺地面分坐浆铺砌和干砂铺筑两种。

① 准备工作

A. 做好材料进场材质的检查验收工作。验收时凡是有裂缝、掉角和表面有缺陷的板块，应予剔出或放在次要部位使用。品种不同的地面砖不得混杂使用。

B. 铺设前，要先将基层清理、冲洗干净，使基层达到湿润。砖面层铺设在砂结合层上之前，砂垫层结合层应洒水压实，并用刮尺刮平；如砖面层铺设在砂浆结合层上，应先找好规矩，并按地面标高留出地面砖的厚度贴灰饼，拉基准线每隔 1m 左右冲筋一道，然后刮素水泥浆一道，用 1:3 水泥砂浆打底找平，砂浆稠度控制在 3cm 左右。找平层铺好后，待收水即用刮尺板刮平整，再用木抹子搓平整。对厕所、浴室的地面，应由四周向地漏方向找好坡度。铺时有的要在找平层上弹出十字中心线，四周墙上弹出水平标高线。

C. 制备砂浆。地面砖铺筑砂浆，当用于烧结普通砖、缸砖地面的铺筑时，可用1：2或1：2.5水泥砂浆（体积比），稠度2.5～3.5cm；

断面较大的水泥砖可采用1：3干硬性水泥砂浆（体积比），以手握成团，落地开花为准；

预制混凝土块粘结层，一般采用M5水泥混合砂浆；

用于作路面25cm×25cm水泥方格砖的铺砌，可采用1：3白灰干硬性砂浆（体积比），以手握成团，落地开花为准。

② 排砖形式

地面砖面层一般根据砖的不同采用不同的排砌方法。烧结普通砖的铺砌形式有"直缝式"、"席纹式"及"人字式"等，见图5-7。散水排砖形式，见图5-8。

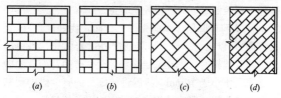

图5-7 烧结普通砖铺地形式

(a)直缝式；(b)席纹式；(c)人字式；(d)对角线式

③ 烧结普通砖、缸砖及水泥砖的铺筑要点

A. 在砂结合层上铺筑

a. 按设计要求进行预排砖。如在室内，首先应沿墙定出十字中心线，由中心向两边预排砖试

图5-8 砖散水

铺；如铺筑室外道路，应在道路两头各砌一排砖找平，以此作为标筋，然后先铺好边角斗砖，再码砌路面。

b. 在找平层上铺一层 15～20mm 厚的砂子，并洒水压实，用刮尺找平，按标筋架线，随铺随砌筑。砌筑时上楞跟线以保证地面和路面平整，其缝隙宽度不大于 2～3mm，并用木锤将砖块敲实。

c. 填缝前，应适当洒水并将砖拍实整平。填缝可用细砂、水泥砂浆。用砂填缝时，可先用砂撒于路面上，再用扫帚扫入缝中。用水泥砂浆填缝时，应预先用砂填缝至一半的高度，再用水泥砂浆填缝扫平。

B. 在水泥或石灰砂浆结合层上铺筑

a. 在房间纵横两个方向排好尺寸，缝宽以不大于 1cm 为宜，当尺寸不足整块砖的位数时，可裁割半块砖用于边角处；尺寸相差较小时，可调整缝隙。根据确定后的砖数和缝宽，在地面上弹纵横控制线，约每隔四块砖弹一根控制线，并严格控制方正。

b. 从门口开始，纵向先铺几行砖，找好规矩（位置及标高），以此为标筋，从里面向外退着铺砖，每块砖要跟线。铺砌时，先在基层涂水泥浆，砖的背面抹铺砂浆，厚度不小于 10mm，然后将抹好灰的砖，码砌到基层上。砖上楞要跟线，用木锤敲实铺平。铺好后，再拉线拨缝修正，清除多余砂浆。

C. 铺砌后用 1∶1 水泥砂浆勾缝，要求勾缝密实，缝内平整光滑，深浅一致。

采用满铺满砌时，在敲实修正好的面砖上撒干水泥面，并用水壶浇水，用扫帚将水泥浆扫入缝内，将其灌满并及时用拍板拍振，将水泥浆灌实，最后用干锯末扫净，同时修正高低不平的砖块。

铺完面砖后，在常温下放锯末浇水养护 48h。3d 内不准上人，整个操作过程应连续完成，避免重复施工，影响已贴好的砖面。

④ 混凝土块板铺筑要点

A. 铺砌前,如道路两侧有路边石(俗称路牙子),应找线、挖槽,埋设混凝土路边石,其上口要找平,找直。道路两头按坡度走向要求各砌一排预制混凝土块找准,并以此作为标筋,码砌道路全部预制混凝土块。

B. 在已打好的灰土垫层上铺一层 2.5cm 厚的 M5 水泥混合砂浆,随铺浆、随码砌。上楞跟线以保证路面的平整,其缝宽不应大于 6mm,并用木锤将预制混凝土块敲实,同时将路边石培土保护,缝隙用细干砂填充。

路面预制混凝土板块铺完后应养护 3d,在此期间不准上人、行车。

5.2.2 质量要求及检验方法

(1) 地面砖铺砌质量标准及检验方法见表 5-2。

(2) 烧结普通砖、水泥砖、缸砖地面的允许偏差见表 5-3。

(3) 预制混凝土块和水泥方格砖路面的允许偏差见表 5-4。

地面砖铺砌质量标准检验方法　　表 5-2

项　目	合　格	优　良	检验方法
工　序	施　工　方　法		要　求
板块面层的表面质量	色泽均匀,板块无裂缝、掉角和缺棱等缺陷	表面清洁、图案清晰、色泽一致、接缝均匀、周边顺直,板块无裂纹、掉角和缺棱等现象	目测、尺量法检验

续表

项目	合格	优良	检验方法
工序	施工方法		要求
地漏和供排出液体用的带有坡度的面层	坡度满足排出液体要求,不倒泛水、无渗漏	坡度符合设计要求,不倒泛水,无积水,与地漏(管道)结合处严密牢固,无渗漏	尺量法检验
楼梯踏步和台阶的铺贴	缝隙宽度基本一致;相邻两步高差不超过15mm,防滑条顺直	—	尺量法检验
楼地面镶边	面层邻接处的镶边用料及尺寸符合设计要求和施工规范规定	面层邻接处的镶边用料及尺寸符合设计要求和施工规范规定,边角整齐、光滑	目测、尺量法检验
路面排水	路面的坡向、雨水口等符合设计要求,泄水畅通	路面的坡向、雨水口等符合设计要求,泄水畅通、无积水现象	尺量法检验
预制混凝土块路面	铺设稳固,有轻微松动的板块不超过检查数量的5%;无缺棱掉角	铺设稳固、表面平整、无松动和缺棱掉角,缝宽均匀、顺直	目测、尺量与敲击检验
各种路面的路边石	路边石顺直、高度基本一致	路边石顺直、高度基本一致、棱角整齐	目测、尺量法检验

烧结普通砖、缸砖的允许偏差(mm)　　表 5-3

项次	项　目	缸砖、大水泥砖	烧结普通砖 砂垫层	烧结普通砖 水泥砂浆垫层	检验方法
1	表面平整度	4	8	6	用 2m 靠尺及楔尺形塞尺检查
2	缝格平直	3	8	8	拉 5m 线，不足 5m 拉通线和尺量检查
3	接缝高低差	1.5	1.5	1.5	尺量及楔形塞尺检查
4	板块间隙宽度不大于	2	5	5	尺量检查

预制混凝土块和水泥方格砖路面允许偏差　　表 5-4

项次	项　目	允许偏差(mm)	检　查　方　法
1	横　　坡	0.2/100	用坡度尺检查
2	表面平整度	7	用 2m 靠尺及楔形塞尺检查
3	接缝高低差	2	用直尺和楔形塞尺检查

5.3　下　水　工　程

5.3.1　窨井与化粪池

(1) 窨井

1) 窨井的分类与构造

按用途分，有上水管道与下水管道的两种窨井。上水管道的窨井多为阀门井和水表井，为便于观察与开关，一般埋置不深，在 1m 左右；下水管道的窨井有生产废水与生活污水之分，一般埋置深度为 1.5~2.0m，有的达 3~4m。

窨井的形状有方形与圆形两种。一般多用圆窨井，在管径大、支管多时则用方窨井。圆形窨井的构造见图 5-9。

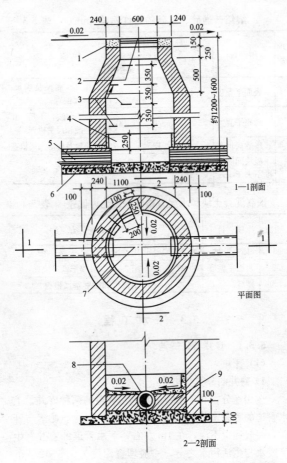

图 5-9 窨井剖面

1—C10 素混凝土井圈；2—铸铁井盖；3—钢爬梯；4—防水砂浆；
5—下水管纵剖图；6—C10 混凝土井垫层；7—半圆形凹槽贯通两管；
8—下水管横断面；9—砖砌体

2) 窨井砌筑要点

① 作业条件

A. 井坑的中心线已定好,直径尺寸和井底标高已复测合格。

B. 井的底板已浇筑好混凝土,管道已接到井位处。

C. 除一般常用的砌筑工具外,还要准备 2m 钢卷尺和钢水平尺等。

② 井壁砌筑

A. 砂浆应采用水泥砂浆,强度等级按图纸确定,稠度控制在 8~10cm,冬期施工时砂浆使用时间不超过 2h。每个台班或每座井应留设一组砂浆试块。

B. 井壁一般为一砖厚(或由设计确定),方井砌筑采用一顺一丁组砌法;圆井采用全丁组砌法。井壁应同时砌筑,一般不准留槎。灰缝必须饱满,不得有空头缝。

C. 井壁一般都要收分。砌筑时应先计算上口与底板直径之差,求出收分尺寸,确定在何层收分,然后逐皮砌筑收分到顶,并留出井座及井盖的高度。收分时一定要水平,要用水平尺经常校对,同时用卷尺检查各方向的尺寸,以免砌成椭圆井和斜井。

D. 管子应先排放到井的内壁里面,不得先留洞后塞管子。要特别注意管子的下半部,一定要砌筑密实,防止渗漏。

E. 从井壁底往上每 5 皮砖应放置一个钢爬梯脚蹬,梯蹬一定要安装牢固,并事先涂好防锈漆(图 5-10)。

③ 井壁抹灰:在砌筑质量检查合格后,即可进行井壁内外抹灰,以达到防渗要求。

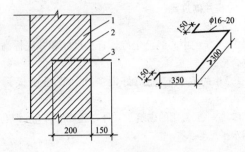

图 5-10 钢爬梯蹬
1—砖砌体；2—井内壁；3—脚蹬

A. 砂浆采用 1∶2 水泥砂浆（或按设计要求的配合比配制），必要时可渗入水泥重量 3%～5% 的防水粉。

B. 壁内抹灰采用底、中、面三层抹灰法。底层灰厚度为 5～10mm，中层灰为 5mm，面层灰为 5mm，总厚度为 15～20mm。每层灰都应用木抹子搓实，面层灰应用铁抹子压光，外壁抹灰一般采用防水砂浆五层操作法。

④ 井座与井盖一般采用铸铁制成。在井座安装前，测好标高水平再在井口先做一层 100～150mm 厚的混凝土封口，封口凝固后再在其上铺水泥砂浆，将铸铁井座安装好。经检查合格，在井座四周抹上 1∶2 水泥砂浆泛水，盖好井盖。

⑤ 在水泥砂浆达到一定强度后，经闭水试验合格即可回填土。

⑥ 砌体砌筑质量要求如下：

A. 砌体上下错缝，无通缝。

B. 窨井表面抹灰无裂缝、空鼓。

C. 砌筑允许偏差，见表 5-5。

窨井砌筑允许偏差表 表 5-5

项次	项 目	允许偏差(mm)	检 验 方 法
1	轴线位置偏移	10	用经纬仪或拉线和尺量检查
2	顶面标高	±15	用水准仪和尺量检查

(2) 化粪池

1) 化粪池的构造

化粪池由钢筋混凝土底板、隔板、顶板和砖砌墙壁组成。化粪池的埋置深度一般均大于 3m，且要在冻土层以下。它由设计部门编制成标准图集，根据其容量大小编号，建造时设计图上按需要的大小对号选用。图 5-11 为化粪池的示意图。

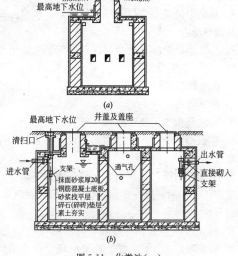

图 5-11 化粪池(一)
(a) Ⅱ—Ⅱ剖面；(b) Ⅰ—Ⅰ剖面

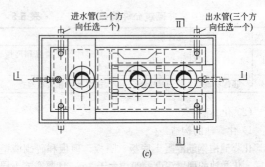

图 5-11 化粪池(二)
(c)化粪池平面

2) 化粪池砌筑要点

① 作业条件

A. 基坑定位桩和定位轴线已经测定,水准标高已确定并做好标志。

B. 基坑底板混凝土已浇好,并进行了化粪池位置的弹线。基坑底板上无积水。

C. 已立好皮数杆。

② 池壁砌筑

A. 砖应提前 1 天浇水湿润。

B. 砌筑砂浆应用水泥砂浆,按设计要求的强度等级和配合比拌制。

C. 一砖厚的墙可以用梅花丁或一顺一丁砌法;一砖半或二砖墙采用一顺一丁砌法。内外墙应同时砌筑,不得留槎。

D. 砌筑时应先在四角盘角,随砌随检查垂直度,中间墙体拉准线控制平整度。砖砌隔墙应跟外墙同时砌筑。

E. 砌筑时要注意皮数杆上预留洞的位置，确保孔洞位置的正确和化粪池使用功能。

F. 凡设计中要安装预制隔板的，砌筑时应在墙上留出安放隔板的槽口，隔板插入槽内后，应用1∶3水泥砂浆将隔板槽缝填嵌牢固（图5-12）。

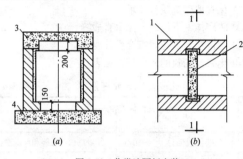

图5-12 化粪池隔板安装
(a)1—1剖面；(b)平面
1—砖砌体；2—混凝土隔板；3—混凝土顶板；4—混凝土底板

G. 化粪池墙体砌完后，即可进行墙身内外抹灰。内墙采用三层抹灰，外墙采用五层抹灰，具体做法同窨井。采用现浇盖板时，在拆模之后应进入池内检查并作修补。

H. 抹灰完毕可在池内支撑现浇顶板模板，绑扎钢筋，经隐蔽验收后即可浇筑混凝土。

顶板为预制盖板时，应用机具将盖板（板上留有检查井孔洞）根据方位在墙上垫上砂浆吊装就位。

I. 化粪池顶板上一般有检查井孔和出渣井孔，井孔要由井身砌到地面。

J. 化粪池本身除了污水进出的管口外，其他部位均为封闭墙体，为此在回填土之前，应进行抗渗试验。

试验方法是将化粪池进出口管临时堵住,在池内注满水,并观察有无渗漏水。经检验合格符合标准后即可回填土。回填土时顶板及砂浆强度均应达到设计强度,以防墙体被推、移动及顶板压裂,填土时要求每层夯实,每层可虚铺30~40cm。

3) 化粪池砌筑质量要求

① 砖砌体上下错缝,无垂直通缝。

② 预留孔洞的位置符合设计要求。

③ 化粪池砌筑的允许偏差见表5-6。

化粪池砌筑允许偏差 表5-6

项次	项 目	允许偏差(mm)	检验方法
1	轴线位置偏移	10	用经纬仪或拉线和尺量检查
2	砌体顶面标高	±15	用水准仪和尺量检查
3	垂直度	5	用2m托线板检查
4	平整度	8	用2m靠尺和楔形塞尺检查
5	水平灰缝厚度(10皮砖累计数)	±8	与皮数杆比较尺量检查

5.3.2 下水道铺设及闭水试验方法

(1) 下水道支干管的铺设

1) 作业条件

① 各种管径的管材(水泥管、陶瓦管等)按规格分别堆放,并按设计要求,检查管子的强度、外观质量。管材的强度以出厂合格证为准,凡有裂缝、弯曲、圆度变形而无法承插的或承插口破损的都不能使用。

② 管沟或坑槽土已挖好,垫层已经完成。已做好定位放线工作,每段坡度的标高已经标注。

2) 铺设要点

① 定位放线

根据施工图中下水道支干管的窨井的坐标(或间距与方位),测定出在地面上的位置,并于每个窨井的中心钉一根临时木桩,桩上钉一个小钉,代表窨井中心,桩侧标明窨井编号及桩号。同时测出桩顶相对标高,作为土方计量、挖土深浅及放坡的依据。定位时,在每根木桩的两侧钉一对龙门桩。龙门桩的距离要考虑到挖土放坡不受影响,再用水准仪测出相对标高,在每对龙门桩上划上记号,以便钉上龙门板。整条管道的龙门板相对标高力求一致。龙门板钉好后,将相对标高注在板上,并把原来窨井中心、编号及桩号移到龙门板上,即可开始放线。

沟底宽度,一般依管径每边放出 250cm(操作余地)。放线的宽度视管径、挖土深度和土质而定。如土质坚实,挖土深度在 1.5m 以内,可按沟底宽度放线;如土质疏松,则应按规定坡度放坡。

② 挖沟

根据管道走向定位线和龙门板确定的下挖标高开始挖土(可以人工挖或机械挖),并按土质情况确定放坡。挖好管沟后应找好坡度,坡度由龙门板标高控制。在寒冷地区,还应注意管沟的深度必须深于冻土层。如果管沟内有积水或地下水,应做好排水工作,方法是每隔一段距离在沟槽底一侧挖一集水坑,用污水泵抽水排除。

③ 浇筑垫层

通常管道的垫层采用混凝土浇筑,如果是管径较小的支管,也可以用碎砖或碎石经夯实作垫层。

④ 铺管

A. 下管：先将需要铺设的管子运到基槽边，但不允许滚动到基槽边。下管时应注意管子承插口的方向。

B. 就位顺序：管子的就位应从底处向高处，承插口应处于高的一端，见图 5-13。

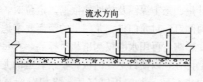

图 5-13 管子就位顺序

C. 就位：当管子到位后，应根据垫层上面弹出的管线位置对中放好，两侧可用碎砖先垫牢卡住。第一节管子应伸入窨井位置内，其深入长度根据井壁厚度确定，一般管口离井内壁约 5cm。承插第二节管子时，应先在第一节管子的承插口下半圈内抹上一层砂浆，再插第二节管，使管口下部先有封口砂浆，以便于下一步封口操作。每节管都依此方法进行，直至该段管子铺设完成。

从第二个窨井起，每个窨井先摆上出水管，但此管暂时不窝砂浆，先做临时固定，待井壁砌到进水管底标高时，再铺进水管。

穿越窨井壁的进、出水管周围要用 1∶3 水泥砂浆窝牢，嵌塞严密，并将井内、外壁与管子周围用同样砂浆抹密实。

当井壁砌过进、出水管面后，井内管子两旁要用砖头砌成半圆筒形，并用 1∶2.5 水泥砂浆抹成泛水，抹好后的形状如对剖开管子(俗称流槽),使水流集中,增加冲力。如果管子在窨井处直交或斜交,抹好后形状如剖开弯头,但弯头的外向应高于内向,以缓冲水的离心力,有利排水。

⑤ 封口、窝管

A. 封口:用 1:2 水泥砂浆将承插口内一圈全部填嵌密实,再在承插口处抹成环箍状。常温时应用湿草袋洒水养护,冬季应作保温养护。

B. 窝管:为了保证管道的稳固,在完成封口后,在管子两侧用混凝土填实做成斜角(叫做窝管)。窝管的形状见图 5-14。

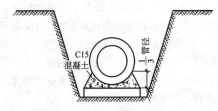

图 5-14 窝管形状

拍填混凝土时,注意不要损伤接口处,并应避免敲击管子。窝管完毕与封口一样养护。

(2) 下水道闭水试验方法

下水道因接头多,通常分段进行试验。试验方法如下:

1) 分段满灌法:将试验段相邻的上、下窨井管口封闭(用砖和黏土砂浆密封或用木板衬垫橡皮圈顶紧密封),然后在两窨井之间灌水,水要高出管面(特别是进水管面),接着进行逐根检查,如有渗水现象,说明接头不严密,应即修补。渗出水量标准见表 5-7。

1000m 长管道在一昼夜内允许渗出水量 表 5-7

管 材	管径(mm)								
	小于150	200	250	300	350	400	450	500	600
	渗水量(m³)								
钢筋混凝土管 混凝土管 水泥管	7	20	24	28	30	32	34	36	40
缸瓦管	7	12	15	18	19	21	22	26	28

注：1. 排放腐蚀性污水的管道，不允许渗漏。

2. 当地下水位不高出管顶 2m 时，可不做渗水量试验。

2) 充气吹泡法：将试验段下水道两端封闭，其中一端预埋钢管一根，以便与空压机连接，计算好段内管道容积（以便控制送气数量，防止管道破裂），开动空压机，待段内管道充满空气后，把充气阀拧小。用调制好的肥皂水逐根涂刷于接头处，如发现有吹泡现象，说明接头不严密，会渗水，应即修补好。

3) 定压观察法：将试验段两端密封，以水压泵代替空压机与预埋管连接，把段内管道用泵注满水，观察水压表读数并关紧阀门，若发现水压表的读数下降，说明段内管子渗水，应逐根检查。有渗水毛病的要及时修好。

4) 送烟检查法：将试验段管子一端封闭，在另一端把点燃的杂草或稻草塞入管中，用打气筒送风，若发现某节管有冒烟现象，说明接头处不够严密，会渗水，应修到不冒烟为止。

以上是下水道工程常用的试验方法，可根据施工具体情况进行选用。管道经试验修补好后，应立即进行回填土。

在回填土时应注意,不能填入带有碎砖、石块的黏土,以免砸坏管子。回填时应在管子两侧同时进行,并用木锤捣实,但用力要均匀,以防管子走动,回填土应比原地面高出 5~10cm,使日后回填土下沉,管槽不致积水。

(3) 质量要求

1) 闭水试验合格。

2) 管道的坡度符合设计要求和施工规范规定。

3) 接口填嵌密实,灰口平整、光滑,养护良好。

4) 接口环箍抹灰平整密实,无断裂。

5) 管道允许偏差见表 5-8。

管道允许偏差和检验方法 表 5-8

项次	项 目		允许偏差(mm)	检验方法
1	坐 标	埋地铺设	50	用水准仪(水平尺)直尺,拉线和尺量检查
		在沟槽内	20	
2	标 高	埋 地	±10	
		铺设在沟槽内		
3	水平管道纵横方向弯曲	每 米	2	
		全 长	≤50	

6 砌筑工程的季节性施工

6.1 冬期施工

按照现行《砌体工程施工质量验收规范》(GB 50203)的规定,当室外日平均气温连续5天稳定低于5℃时,或当日最低气温低于0℃时,砌筑施工属冬期施工阶段。

冬期施工中,砌筑工程突出的问题是砂浆遭受冰冻。砂浆中的水在0℃以下结冰后,一方面影响水泥的水化,砂浆不能凝固,失去胶结能力而达不到足够的强度,砌体强度随之降低;另一方面砂浆冻结会使其体积膨胀,破坏砂浆内部结构,使其松散而降低粘结力,砂浆解冻后砌体会出现沉降。因此,要采取有效措施,保证砂浆正常水化,达到早期强度,使砌体达到设计强度。

6.1.1 基本要求

(1) 砌体冬期施工对材料的要求

冬期砌筑所用材料应符合下列要求:

1) 砖和石材在砌筑前,应清除冰霜,砖在气温高于0℃时,可适当浇水润湿;在0℃和0℃以下时,可不浇水但必须增大砂浆的稠度。

2) 砂浆宜采用普通硅酸盐水泥拌制,不宜用石灰砂浆、黏土砂浆或石灰黏土砂浆。

3) 石灰膏和电石膏等应保温,防止受冻。如遭冻结，应经融化后方可使用，受冻而脱水风化的石灰膏不可使用。

4) 砂应过筛，并不得含有冰块和直径大于 1cm 的冻结块。

5) 拌合砂浆时，宜采用两步投料法，水的温度不得超过 80℃，砂的温度不得超过 40℃。

砂浆使用温度应符合以下规定：

① 采用掺外加剂法时，不应低于+5℃；

② 采用氯盐砂浆法时，不应低于+5℃；

③ 采用暖棚法时，不应低于+5℃。

6) 现场材料应分类集中堆放，必要时应遮盖，以防霜冻侵袭。

7) 冬期砌筑砂浆的稠度可参见表 6-1。

冬期砌筑用砂浆的稠度参考　　表 6-1

砌体种类	稠度(cm)
砖砌体	8～13
人工砌的毛石砌体	4～6
振动的毛石砌体	2～3

8) 冬期砌筑砖石结构时所用的砂浆温度不低于表 6-2 的规定。

冬期砌筑砖石的砂浆温度参考　　表 6-2

空气温度(℃)	砂浆在砌筑时的温度(℃)	
	冻结法	抗冻砂浆法
−10 以上	+10	+5
−10～−20	+15	+10
−20 以下	+20	+15

9)砂浆在搅拌、运输、储放过程中要进行保温。严禁使用已遭冻结的砂浆。

(2)冬期砌筑对技术的要求

1)施工工地要做好冬期施工准备工作,如搭设搅拌机保温棚、水管进行保温、砌筑烧热水的简易炉灶、准备保温材料(如草帘等)、购置抗冻剂(一般多采用食盐)等。

2)基土为不冻胀土时,基础可在冻结的地基上砌筑;基土为冻胀土时,必须在未冻的地基上砌筑。施工时和回填土前,均应防止地基遭受冻结。

3)砖砌体的灰缝宽度宜在8~10mm,砂浆饱满,灰缝要密实。宜采用"三一"砌筑法。每天砌筑后应在砌体表面覆盖保温材料。砌体表面不得留有砂浆,在继续砌筑前,应扫净砌体表面。

4)采用暖棚法施工,块材在砌筑时的温度不应低于+5℃,距离所砌的结构底面0.5m处的棚内温度也不应低于+5℃。

5)在冻结法施工的解冻期间,应经常对砌体进行观测和检查,如发现裂缝、不均匀下沉等情况,应立即采取加固措施。

6)当采用掺盐砂浆法施工时,宜将砂浆强度等级按常温施工的强度等级提高一级。

7)配筋砌体不得采用掺盐砂浆法施工。

8)普通砖、多孔砖和空心砖在正温条件下砌筑时,应浇水湿润,而在负温条件下砌筑时,可不浇水,但必须增大砂浆的稠度。

9)对抗震设防烈度为7度以上的建筑物,普通砖、多孔砖和空心砖无法浇水湿润时,如无特殊措施,不得砌筑。

10) 砂浆试块的留置，除应按常温规定要求外，尚应增留不少于1组与砌体同条件养护的试块，测试检验28d强度。

6.1.2 施工要点

冬期砌筑工程施工方法，主要有蓄热法、掺盐砂浆法(抗冻砂浆法)和冻结法三种。

(1) 蓄热法

适用于冬期正、负温差不大、夜间冻结白天解冻的地区。根据这种特点，充分利用中午气温较高时加快砌筑进度，完工后用草帘子将墙体覆盖，使墙体内的热量和水泥产生的"水化热"不易散失，保持一定温度，使砂浆在未受冻前获得所需强度。

(2) 抗冻砂浆法

1) 原理

根据砂浆在具有一定强度(约20%)后再遭冻结，解冻后砂浆强度还会继续增长的原理，在砂浆中掺入一定数量的抗冻化学附加剂，起到降低砂浆中水的冰冻点，在0℃时不结冰，其和易性没有破坏，使砂浆在一定负温下不冻并能继续缓慢地增长强度，这样就保证了砌筑质量。

2) 适用范围

常用的抗冻剂有氯化钠(食盐)、氯化钙、亚硝酸钠等。使用抗冻剂时可根据当地的供应情况和大气温度确定掺入量，一般情况下的掺用量如表6-3所示。

常用食盐氯化钠或氯化钙，对配筋砌体和有预埋锚栓或预埋件的砌体中的铁件有一定的腐蚀作用，应掺用碳酸钾、亚硝酸钠或硫酸钠等复合外加剂，其掺量见表6-4～表6-6。

掺盐砂浆的掺盐量(占用水量的%) 表 6-3

项次	日最低气温		等于和高于-10℃	-11~-15℃	-16~-20℃	低于-20℃
1	单盐 氯化钠	砌砖、砌砌块	3	5	7	—
		砌石	4	7	10	—
2	复盐 氯化钠 氯化钙	砌砖	—	—	5	7
		砌砌块	—	—	2	3

注: 1. 掺量以无水盐计。

2. 日最低气温低于-20℃时,砌石不宜施工。

碳酸钾、亚硝酸钠掺量表 表 6-4
(占用水量的质量分数%)

日最低气温(℃)	碳酸钾	亚硝酸钠
-10	5	5
-11~-15	7	10
-16~-20	11	15

硫酸钠+亚硝酸钠掺量表 表 6-5
(占用水量的质量分数%)

日最低气温(℃)	硫酸钠	亚硝酸钠
-10 以上	2	4
-11~-15	2	6
-16~-20	2	8

氯化钠+亚硝酸钠掺量表 表 6-6
(占用水量的质量分数%)

日最低气温(℃)	氯化钠	亚硝酸钠
-11 以上	2	3
-11 以下	3	5

采用抗冻砂浆砌墙，当设计无规定时，如平均气温低于-10℃，应将砂浆强度等级较常温施工时提高一级。

3) 配制

抗冻砂浆掺入食盐时，应先调制成食盐溶液，然后投入搅拌。其方法是将干燥的食盐溶解于约+40℃的温水中，用比重计测定其相对密度计算其含量，以控制食盐在砂浆中的掺量。

每个砂浆搅拌站应设置两个盐水桶（边长1m，深1.2m）。浓盐水桶放含量为20%盐水，浓度可用波美氏比重计检查控制；稀盐水桶为当日使用的掺盐量的盐水，其浓度可用注入桶内的浓盐水与清水的比例来控制。

盐水浓度与相对密度的关系，见表6-7。

食盐水浓度与相对密度关系 表6-7

浓度(%)	1	2	3	4	5	6	7	8	9	10	11	20
相对密度	1.005	1.013	1.020	1.027	1.034	1.041	1.049	1.056	1.063	1.071	1.078	1.086

4) 注意事项

① 为了保证砂浆在铺筑时温度不低于+5℃，其加热温度应根据气温情况而异，见表6-8。

氯化砂浆的温度要求 表6-8

室外温度(℃)	搅拌后的砂浆温度(℃)	
	无风天气	有风天气
0～-10	+10	+15
-11～-20	+15～+20	+25
-21～-25	+20～+25	+30
-26以下时	不得施工	不得施工

② 若需在掺盐砂浆中掺微沫剂，盐类溶液和微沫剂溶液必须在拌合中先后加入。

③ 采用掺盐砂浆砌筑时，应对拉结筋等预埋铁件做好防腐处理。方法是涂樟丹漆、沥青漆或防锈涂料。

④ 下列工程严禁采用抗冻砂浆法施工：发电厂、变电所等工程；装饰要求较高的工程；湿度大于60%的工程；经常受高温（40℃以上）影响的工程；经常处于水位变化的工程；配有钢筋未能做防腐处理的砌体。

(3) 冻结法

冻结法是用不掺有任何化学附加剂的普通砂浆进行砌筑的一种施工方法。这种方法允许砂浆在凝固前冻结，砂浆和砖冻结在一起，保持砌体的初始的稳定。砂浆要经历冻结、融化、硬化三个阶段。解冻后的砂浆虽仍继续增长强度并与砖粘结，但其粘结力有不同程度的降低，而且砌体在融化阶段还可能出现变形。所以在采用冻结法施工时，既要考虑砂浆融化时的砌体强度，又要考虑砌体产生沉降时的稳定。因此，在采用冻结法施工时要考虑以下几点：

1) 冻结法施工时，砂浆使用时的温度不应低于+10℃，如设计中无要求时，当平均温度在-25℃以上时，砂浆强度等级提高一级；当平均气温低于-25℃时，则应提高二级。

2) 为了保证采用冻结法砌筑的砌体在解冻时的稳定性，应采取以下措施：

① 在墙的拐角处、交接处和交叉处每50cm设置拉结筋一道（图6-1）。

② 当每一层楼的砌体砌筑完毕后，应及时安装（或浇筑）梁板或屋盖。当采用预制构件时，应将其端部锚

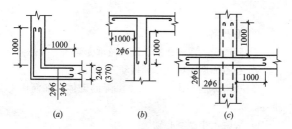

图 6-1 拉结筋示意
(a)外墙转角；(b)内外墙交接；(c)内墙交叉

固在墙砌体中。

③ 支承跨度较大的梁、过梁及悬臂梁的墙，在解冻来临前，应该在梁的下面加设临时支柱，并加楔子用以调整结构的沉降量。

④ 门窗洞口上部应预留砌体的沉降缝隙，宽度不小于5mm。砌体中的孔洞、凹槽、接槎等在开冻前应填砌完毕。

⑤ 每天砌筑高度及临时间歇的砌体高差均不得大于1.2m。砌筑时一般应采用一顺一丁砌筑法，砌体灰缝控制在8～10mm。

⑥ 跨度大于0.7m的门窗过梁，一般应采用钢筋混凝土预制过梁。

⑦ 在墙和基础中，不允许留设未经设计部门同意的水平槽和斜槽。

⑧ 墙砌体内如搁置大梁，其上需预留1～2cm的空隙，以利解冻砌体沉降。

⑨ 在解冻前应做好检查，应把楼板上的意外荷载（如建筑材料、垃圾等）清理掉。

3) 下列砖砌体，不得采用冻结法施工：

① 空斗墙。

② 毛石墙。

③ 砖薄壳、双曲砖拱、筒拱及承受侧压力砌体。

④ 在解冻期间可能受到振动或动力荷载的砌体。

⑤ 在解冻期间不允许产生沉降的砌体,如筒拱支座等。

⑥ 混凝土小型空心砌块砌体。

除了以上三种方法外,还有暖棚法、蒸汽法和电热法等。这几种方法一般用于个别荷载很大的结构,急需使局部砌体具有一定强度和稳定性。这些方法,由于费用较大,一般不宜采用。

冬期施工采用哪一种施工方法较好,要根据当地的气温变化情况和工程的具体情况而定,一般以采用抗冻砂浆法或蓄热法为宜。严寒地区适用冻结法。

6.2 雨期施工

6.2.1 对砌体工程的影响

雨期,砖淋雨后吸水过多,甚至达到了吸水饱和,表面会形成水膜;同时,砂子含水率大,也会使砂浆稠度值增加,易产生离析。这样,对砌体质量将产生以下影响:

(1) 砌筑时,会出现砂浆被挤出砖缝,产生坠灰现象,使砖浮滑放不稳。

(2) 当砌上皮砖时,由于上皮灰缝中的砂浆挤入下皮砖的浆口"花槽"中,下皮砖产生向外移动,凸出墙面,使砌筑工作不能顺利进行。

(3) 竖缝的砂浆,易被雨水冲掉,使水平缝的压缩变形增大,墙砌的越高,变形越大。

这样,轻则产生墙面凹凸不平,重则会引起墙身倒塌。

6.2.2 防范措施

（1）砖应集中堆放在地势高的地点，并覆盖芦席、苫布等，以减少雨水的大量浸入。

（2）砂子应堆在地势高处，周围易于排水。拌制砂浆的稠度值要小些，以适应多雨天气的砌筑。

（3）适当减小水平灰缝的厚度，以控制在 8mm 左右为宜。铺砂浆不宜过长，宜采用"三一"砌筑法。

（4）运输砂浆时要加盖防雨材料，砂浆要随拌随用，避免大量堆积。每天砌筑高度限在 1.2m。

（5）收工时应在墙面上盖一层干砖，并用草席覆盖，防止大雨把刚砌好的砌体中的砂浆冲掉。

对蒸压（养）灰砂砖、粉煤灰砖及混凝土小型空心砌块砌体，雨天不宜施工。

（6）对脚手架、道路等采取防止下沉和防滑措施，确保安全施工。

6.3 暑期施工

6.3.1 对砌体工程的影响

在炎热、高温干燥和多风的夏季，砌筑工程由于砂浆铺在墙上或砌筑的灰缝很快就会干燥、酥松，变得毫无粘结力，这就是砂浆脱水现象。

产生砂浆脱水的原因，主要是：砖块和砂浆中的水分在干热气候条件下急剧蒸发，砂浆中的水泥还没有很好地"水化"就开始失水，这样无法产生强度，从而严重影响了砌体的有效粘结，使砌体质量受到影响。

6.3.2 防范措施

（1）砖在使用前应充分浇水，使砖周边的水渍痕达到 2cm 左右为宜，砂浆的稠度值可以适当增大，铺灰面不要太大，防止砂浆中的水分蒸发过快。砂浆也应随拌随用。

（2）在特别干燥炎热的时候，每天完成可砌高度的墙后，可以在砂浆已初步凝固的条件下，往墙上适当浇水养护，补充被蒸发的水分，以保证砂浆强度的增长。

（3）在有台风的地区要注意以下几点：

1）控制墙体的砌筑高度，以减少受风面积。

2）在砌筑时，最好四周墙同时砌，以保证砌体的整体性和稳定性。

3）控制砌筑高度以每天一步架为宜。

4）为了保证砌体的稳定性，脚手架不要依附在墙上。

5）无横向支撑的独立山墙、窗间墙、独立柱子等，应在砌好后适当用木杆、木板进行支撑，防止被风吹倒。

季节施工时，还要根据具体施工条件，制定相应的措施，做到符合客观规律，保证工程质量。

6.4 安全注意事项

6.4.1 冬期施工

（1）要清除脚手架上的冰和霜雪，增强防滑措施。

（2）雪后要认真检查安全设施、脚手架和电气线路的完好情况。

（3）对蒸汽和热水管道应有明显标志，防止人员烫伤。

（4）现场使用明火应有审批手续，备足消防设施。

（5）使用化学外加剂（如亚硝酸钠等），应防止误食和中毒。对于腐蚀性强的外加剂,也应弄清其性能。

6.4.2　雨期施工

(1) 脚手板等应增设防滑设施。

(2) 金属脚手架和高耸设备,应有防雷接地设施。

(3) 霉雨季节,人易受寒,要备好姜汤和药物以驱除寒气。

6.4.3　暑期施工

(1) 做好防暑降温工作,备有足够的盐水和饮料,适当延长中午休息时间。

(2) 尽量避免在阳光直射下操作,要调整休息时间。

7 工料估算

7.1 基本知识

估工估料,就是估算一下为完成某一个分部分项工程,需要多少人工和材料,使开展班组经济核算有了具体数字指标。估工估料是下达任务和考核人工、材料消耗情况,进行施工图预算与施工预算对比的依据。首先按施工图和计算规则计算出工程量,然后套用劳动定额、材料消耗定额和机械台班使用定额,这样算出需用的人工和材料数量。

7.1.1 工程量计算

工程量是估工估料的原始数据,是一项工作量很大又十分细致繁琐的工作。

工程量计算的依据是设计图纸中各个分部分项工程的尺寸、数量以及构(配)件、设备明细表等,其计量单位应与定额相一致。

(1) 砌体工程工程量计算的一般规定

1) 砖石基础与墙身的划分以防潮层为界,如墙基与墙身的砌体不同,对墙基上表面高出室内地坪不大于 25cm 或低于室内地坪者,可按不同砌体的交接处为界。

2) 砖砌体采用标准砖时,计算厚度应按表 7-1 的规定。

标准砖砌体计算厚度表　　　　　表 7-1

砌体厚	1/4砖	1/2砖	3/4砖	1砖	$1\frac{1}{2}$砖	2砖	$2\frac{1}{2}$砖	3砖
计算厚度(cm)	5.3	11.5	18	24	36.5	49	61.5	74

3) 外墙基础长度按外墙中心线长度计算，内墙基础长度按内墙净长度计算。

4) 基础大放脚 T 形接头处重叠计算的体积不扣除，墙垛处基础大放脚宽出的部分不增加。如基础高度已算到室内地坪以上 25cm 以内的范围时，门洞口所占的体积不扣除，该部分体积可在计算墙身工程量时一并扣除。由于墙基大于墙身的厚度而出现门洞口体积的量差不再找补。

普通砖砌筑的带形基础工程量其断面积可按下式之一计算：

基础断面积＝(基础深度＋折加高度)×基础墙厚度

基础断面积＝基础深度×基础墙厚度＋大放脚断面积

折加高度、大放脚断面积均可根据砖基础形式(等高式或不等高式)、大放脚层数、基础墙厚度从表 7-2 或表 7-3 中查得。

等高式砖基础大放脚折加高度　　　表 7-2

墙　厚	大放脚错台层数					
	一	二	三	四	五	六
	折加高度(m)					
1/2砖	0.137	0.411	0.822	1.369	2.054	2.876
1砖	0.066	0.197	0.394	0.656	0.984	1.378

续表

墙厚	大放脚错台层数					
	一	二	三	四	五	六
	折加高度(m)					
$1\frac{1}{2}$砖	0.043	0.129	0.259	0.432	0.647	0.906
2砖	0.032	0.096	0.193	0.321	0.482	0.675
$2\frac{1}{2}$砖	0.026	0.077	0.154	0.256	0.384	0.538
3砖	0.021	0.064	0.128	0.213	0.319	0.3308
大放脚断面积(m²)	0.01575	0.04725	0.0945	0.1575	0.2363	0.3308

不等高式砖基础在放脚折加高度　　表7-3

墙厚	大放脚错台层数								
	一	二	三	四	五	六	七	八	九
	折加高度(m)								
1/2	0.137	0.342	0.685	1.096	1.643	2.26	3.013	3.835	4.794
1砖	0.066	0.164	0.328	0.525	0.788	1.083	1.444	1.838	2.297
$1\frac{1}{2}$砖	0.043	0.108	0.216	0.345	0.518	0.712	0.949	1.208	1.510
2砖	0.032	0.080	0.161	0.257	0.386	0.530	0.707	0.900	1.125
1/2砖	0.026	0.064	0.128	0.205	0.307	0.419	0.563	0.717	0.896
3砖	0.021	0.053	0.106	0.17	0.255	0.351	0.468	0.596	0.745
大放脚断面积(m²)	0.0158	0.0394	0.0788	0.1260	0.1890	0.2600	0.3464	0.441	0.5513

5) 外墙长度按外墙中心线计算，高度按图示尺寸计算。如设计有檐口顶棚，墙高不到顶，又未注明高度尺寸者，其高度算到屋架下弦底再加25cm。

6) 内墙长度按内墙净长度计算，高度按图示尺寸计算。如设计有顶棚，墙高不到顶又未注明其高度尺寸者，其高度算到顶棚底面再加19cm。

7) 各楼层砌墙用砖或主体砂浆强度等级不同者，应分别计算其工程量，但同一楼层内的砖垛、窗间墙、腰线、挑檐、砖拱、砖过梁、门窗套、窗台线等，使用砂浆强度等级与主墙不同者，其工程量不另计算。

8) 山尖的工程量计算后，可并入所在的墙内；女儿墙的工程量计算后，可并入外墙内。

9) 计算砌墙工程量时应扣除门窗(以门窗框外围尺寸为准)洞口及嵌入墙内的钢筋混凝土柱、梁、圈梁、过梁的体积；但梁头、板头、垫块、木墙筋等小型体积不予扣除。突出墙面的腰线、挑檐、压顶、窗台线、窗台虎头砖、门窗套、泛水槽、凹进墙内的管槽、烟囱孔、壁橱、暖气片槽、消火栓箱、开关箱所占的体积均不增减。

10) 砖垛、附墙烟囱突出墙面的体积计算后，并入所依附的墙身工程量内。砖柱工程量按立方米(m^3)计算，标准砖砌的拱顶按实体积计算。

11) 嵌入砌体内的型钢、钢筋、铁件、墙基防潮层所占的体积和小于$0.3m^2$的窗孔洞不予扣除。

12) 砖石墙勾缝按勾缝的墙面的垂直投影面积计算，扣除墙裙抹灰的面积，不扣除门窗套、窗盘、腰线等局部抹灰和门窗洞口所占的面积，但门窗洞口的侧壁和墙垛侧面勾缝的面积亦不增加。独立砖柱、房上烟囱勾缝按柱身、烟囱身四面垂直投影面积之和计算。

13）空斗墙工程量按其外形体积计算，墙角、内外墙交接处、门窗洞口立边、窗台砖及屋檐处实砌部分应另行计算，但窗间墙、窗台下、楼板下、梁头下等实砌部分应另行计算，作为零星砌体。

14）空花墙工程量按空花部分的外形体积计算，空花部分不予扣除，其中实砌部分另行计算。

15）多孔砖墙、空心砖墙工程量按其外形体积计算，不扣除其孔洞所占体积。

16）混凝土空心小型砌块墙工程量按其外形体积计算，不扣除空心所占体积，按设计规定需要镶嵌砖砌体部分不另计算。

17）砖烟囱工程量计算。

① 筒壁：砖烟囱筒壁工程量按其体积计算。

筒壁体积＝筒壁中心线平均周长×筒壁厚度×筒壁高度

筒壁体积中，应扣除各种孔洞、钢筋混凝土圈梁、过梁等所占体积。

筒壁厚度不同时应分段计算筒壁体积。

② 内衬：砖烟囱内衬工程量按其体积计算。

内衬体积＝内衬中心线平均周长×内衬厚度×内衬高度

内衬体积中应扣除各种孔洞所占体积。

③ 烟道：砖烟道工程量按其体积计算。

烟道体积＝烟道横断面面积×烟道中心线长度

烟道体积中应扣除各种孔洞所占体积。

18）砖水塔工程量计算。

① 砖水塔基础与塔身：砖水塔基础与塔身以基础大放脚顶面为界，以上为塔身，以下为基础。

砖塔身工程量按其体积计算。

塔身体积＝塔身横断面面积×塔身高度

塔身体积中，应扣除门窗洞口和混凝土构件等所占体积。砖平拱和砖出檐等体积并入塔身体积内。

② 砖水箱内外壁：砖水箱内外壁工程量不分壁厚，均以实砌体积计算。

19) 其他砌体工程量计算：工程量计算见表 7-4。

其他砌体工程量计算 表 7-4

工程类别名称	计 算 规 则
砖砌台阶	按台阶的水平投影面积计算
砖砌锅台、炉灶	按其外形体积计算，不扣除各种孔洞所占体积
砖砌化粪池、砖砌检查井	按其实砌体积计算，洞口上砖平拱等并入实砌体积内
零星砖砌体	按其实砌体积计算
砖砌地沟	按地沟实砌体积计算，地沟壁与地沟底工程量合并计算
毛石地沟	按毛石地沟实砌体积计算；料石地沟工程量按料石地沟的长度计算
料石窨井、水池	均按料石实砌体积计算
石踏步安砌	按石踏步的长度计算
石墙勾缝	按勾缝外围面积计算

(2) 工程量计算的一般方法

1) 按顺时针方向计算外墙，即从图纸左上角开始依顺时针方向依次计算。

2) 按"先横后纵"计算内墙，即在图纸上按先横墙后纵墙、从上而下、从左到右的原则进行计算。

3) 按轴线编号计算。根据建筑平面图上的定位轴线编号顺序,从左而右及从下而上进行计算。如图 7-1 所示,墙的工程量可以从轴线①算到轴线⑦,再从轴线Ⓐ算到轴线Ⓓ。在计算时,图中各墙要进行标记,例如:甲墙标记为"坐标Ⓓ,起终①~⑦";乙墙标记为"坐标Ⓒ,起终①~⑦";丙墙标记为"坐标⑤,起终Ⓒ~Ⓓ"。

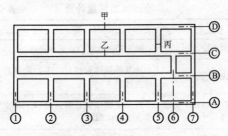

图 7-1 按轴线编号计算工程量

以上介绍的砌体工程工程量计算的一般规定,在具体计算时,还要结合当地定额中规定的工程量计算规则执行。计算时要有计算书并列出计算式,以便于校对和审核。

7.1.2 定额的套用

定额是一种标准,是在正常施工条件下完成一定工程量所必须的人工、材料和施工机具设备台班以及其资金消耗的标准数量;是编制施工图预算、确定工程造价的依据;也是编制施工预算用工、用料及施工机械台班需用量的依据。

定额的种类很多,有概算定额、预算定额、施工定额,还有工期定额、劳动定额、材料消耗定额和机械设备使用定额等。不同的定额及其在使用中的作用也不完全一样,它们各有各的内容和用途。

在施工过程中常接触到的定额有预算定额和劳动定额。对砖瓦工班组来说,学习了解定额很有用处,特别是学习了解预算定额和劳动定额更有必要,能做到用工、用料心中有数,为开展班组经济核算提供依据。

(1) 预算定额

建筑工程预算定额是编制施工图预算,计算工程造价的一种定额;是建筑工程拨付款的依据;也是建设单位与施工单位签订合同,竣工决算的依据。因此,它的作用是在基本建设投资中,能合理地确定工程造价,控制基建规模,实行计划管理,促进企业经济核算。

(2) 劳动定额

劳动定额是直接向施工班组下达单位产量用工的依据,也称人工定额。

劳动定额由于表示形式的不同,可分为时间定额和产量定额两种。

1) 时间定额:指工人班组或个人,在正常工作的条件下,完成单位合格产品所需要的工作时间。它包括准备与结束时间,基本生产时间、辅助生产时间,不可避免的中断及工人必须的休息时间。时间定额以工日为单位,每一工日按 8h 计算。其计算方法如下:

$$单位产品时间定额(工日) = \frac{1}{每工产量}$$

或

$$单位产品时间定额(工日) = \frac{小组成员工日数的总和}{台班产量}$$

2) 产量定额:指工人班组或个人,在单位工日中所应完成的合格产品数量。其计算方法如下:

$$每工产量=\frac{1}{单位产品时间定额(工日)}$$

或

$$台班产量=\frac{小组成员工日数的总和}{单位产品时间定额(工日)}$$

所以，时间定额和产量定额互为倒数。

现场的垂直运输，当采用塔吊时，则套用塔吊定额；采用卷扬机时，则套用机吊定额。

7.2 估工估料方法示例

在进行工料计算之前，首先根据施工图算出工程量。根据算出的工程量，套用相应的定额才能得出需用的工种工日量和需用的各种材料、构件、半成品量。

【例】 一道高 2.5m、厚 240cm、长 300m 的围墙，其中间每 5m 有一个宽 370mm、厚 240mm、高 2.5m 的附墙砖垛。墙顶有 2 层宽 370mm 的压顶。该围墙要用多少砖瓦工工日、普工工日，用多少砖、水泥、砂子、石灰膏。具体计算步骤如下：

(1) 计算工程量

工程量可以按墙的断面分开计算。

1) 算墙身总量为：

$$2.5 \times 0.24 \times 300 = 180 m^3$$

2) 算附墙垛量为：

$$2.5 \times 0.37 \times 0.24 \times \left(\frac{300}{5}+1\right) = 13.54 m^3$$

3) 算上面两皮砖的压顶，其工程量为：

$$0.37 \times 0.12 \times 300 = 13.32 m^3$$

将三项加起来就为围墙砌砖的工程量：

$$180+13.54+13.32 = 206.86 m^3$$

有了工程量就可以计算工料了。

(2) 套定额计算用工用料

在安排计划时,用工量一般套劳动定额,用料量套预算定额后乘以一定的折扣取得。现根据上面的工程量,分别计算需用工日和材料。

1) 计算用工从《全国建筑安装工程统一劳动定额》中查得砌砖技工每立方米用 0.522 工日;普工为 0.514 工日。

因此需用技工工日为:

$$206.86 \times 0.522 = 107.98 \text{ 工日}$$

普工工日为:

$$206.86 \times 0.514 = 106.33 \text{ 工日}$$

2) 计算用料:预算定额中查得每立方米需用标准砖 532 块,砂浆 0.229m³。假如所用砂浆为 M5 混合砂浆,每立方米砂浆用 32.5 级水泥 180kg、石灰膏 150kg,砂子 1460kg。那么需用的材料分别如下:

用砖量为:206.86×532=110050 块

32.5 级水泥:180×0.229×206.86=8526.77kg

石灰膏为:150×0.229×206.86=7105.64kg

砂子(中砂)为:1460×0.229×206.86=69161.57kg

以上算出的是预算定额数,在实际使用中为了减少浪费,要打 0.95 折扣比较合理。这一点,可根据各地情况具体处理。

8 安全技术要求

8.1 一般要求

(1) 新工人进场前,必须要学习安全生产知识,熟悉安全生产的有关规定,树立"安全为了生产、生产必须安全"的思想,做到严格执行安全操作规程,自觉遵守安全操作规程。在进行高空作业前,要经过体格检查,经医生证明合格者,方可进行作业。

(2) 操作前必须检查道路是否畅通,机具是否良好,安全设施及防护用品是否齐全,符合要求后,才可进行施工。

(3) 进入施工现场必须戴安全帽。脚手架未经验收不准使用。已经验收的脚手架,不应随意拆改,必须拆改时,应由架子工拆改。

(4) 非机电设备操作人员不准开动机械和接拆机电设备。

(5) 施工现场或楼层的坑洞、楼梯间等处,应设置护栏或防护盖板,并不得任意挪动。沟槽、洞口在夜间应设红灯示警。

8.2 砌筑安全要求

(1) 在基槽边的 1m 范围内禁止堆料。

(2) 砖应预先浇水,但不准在地槽边或架子上大量浇水。

(3) 在楼层上施工时，应在预制板下支好临时支柱。施工时，堆放机具、砖块等物品不得超过使用荷载，如超过荷载时，必须经过验算采取有效加固措施后，方可进行堆放及施工。

(4) 在架子上堆料量不得超过规定荷载，每平方米堆料重量不得超过 270kg，堆砖不得超过单行侧摆 3 层，丁头朝外堆放；毛石一般不得超过 1 层。在同一根排木上不准放 2 个灰桶。金属架子应按具体规定计算荷载，不能超载堆料。同一块脚手板上的操作人员不应超过 2 人。

(5) 垂直运输所用的吊笼、滑车、绳索、刹车、滚杠等必须牢固无损，满足负荷要求，且要在吊运时不得超载。发现问题要及时修理。

用起重机吊砖要用砖笼；吊砂浆的料斗不能装得过满。

在吊件转动范围内不得有人停留。禁止料斗碰撞架子或下落时压住架子。吊件落到架子上时，砌筑人员要暂停操作，并避开一边。

(6) 跨越沟槽运输时，应铺宽度为 1.5m 以上的马道，沟槽如超过 1.5m，应由架子工支搭马道。平道两车运距不应小于 2m，坡道不小于 10m。在砖垛处取砖要先高后低，防止倒垛砸人。

(7) 对运输道路上的零碎材料、杂物要经常清理干净，以免发生事故。

(8) 在同一垂直面内上下交叉作业时，必须设置安全隔板，下方操作人员必须配戴安全帽。

(9) 人工垂直往上或往下（深坑）转递砖石时，要搭递砖架子，架子的站人板宽度应不小于 60cm。

(10) 如遇雨天及每天下班时，要做好防雨措施，以防雨水冲走砂浆，致使砌体倒塌。

(11) 砖、石砌筑要求：

1) 基础砌筑前，必须检查基槽。发现槽帮有塌方危险时，应及时进行加固，或进行清理后才可以进行砌筑。

2) 基础槽宽小于 1m 时，应在站人的一侧留有 40cm 的操作宽度。砌筑深基础时，上、下基槽必须设工作梯或坡道，不得随意攀跳基槽，更不得踩踏砌体或从加固土壁的支撑处上下。

3) 墙身砌筑高度超过地坪 1.2m 时，一般应由架子工搭设脚手架。采用里脚手架砌墙必须支搭安全网；采用外脚手架，应设护栏和挡板。如利用原有架子作勾缝，应对架子重新进行检查和加固。

在架子上砍砖时，要向墙内一侧打。护栏上不得坐人。正在砌筑的墙顶上不准行走。

4) 不准站在墙顶上刮缝、划线、清扫墙面或检查大角垂直等。也不准站在墙上砌筑。

5) 挂线用的线坠必须用小线绑牢固，防止下落砸人。

6) 砌出檐砖时，应先砌丁砖。待后边牢固后再砌第二皮出檐砖。

7) 过大的毛石要先破开。所有的大锤要检查锤头、锤柄是否牢固，操作人员要保持一定距离、石料的搬运应先检查石块有没有折断危险，要拿牢、放稳。

打锤要按照石纹走向落锤，锤口要平，落锤要准；同时要看清附近情况有无危险，然后落锤，以免伤人。

8) 不准在墙顶或架上修改石材，以免震动墙体影响质量或石片掉下伤人。

9）不准徒手移动上墙的料石，以免压破或擦伤手指。

10）不准勉强在超过胸部以上的墙体上进行砌筑，以免将墙体碰撞倒塌或上石时失手掉下造成安全事故。

11）石块不得往下掷。运石上下时，脚手板要钉装牢固，并钉防滑条及扶手栏杆。

12）上、下架子时要走扶梯或马道，不得攀登架子。冬期施工时，架子上如有霜雪，应先清扫干净，方可进行操作。

（12）砌块砌筑：

1）使用机械设备要有专人管理、专人操作。上班前必须对机具及电器设备进行检查，无误后才能进行施工。

2）吊装用的夹钳、钢丝绳等工具要经常检查维修，如有不牢固时，应停吊并更换。

3）砌块或构件吊起回转时要平稳，不要使物体在空中摇晃，防止重物坠落。

4）禁止将砌块堆放在脚手架上。不得在刚砌好的墙上行走。遇有5级风以上的大风天气，应停止操作。冬期施工时须清扫冰雪后方能操作。

5）已经就位的砌块，必须立即进行竖缝灌浆；对稳定性较差的窗间墙、独立柱和挑出墙面较多的部位，应加临时稳定支撑，以保证其稳定性。

在台风季节，应及时进行圈梁施工，加盖楼板，或采取其他稳定措施。

6）在砌块砌体上，不宜拉锚缆风绳，不宜吊挂重物，也不宜作为其他施工临时设施、支撑的支承点，如果确实需要时,应采取有效的构造措施。

7) 大风、大雨、冰冻等异常气候之后,应检查砌体是否有垂直度的变化,是否产生了裂缝,是否有不均匀下沉等现象。

(13) 烟囱砌筑:

1) 操作人员必须经体检合格后,才能进行高空作业。凡有高血压、心脏病或癫痫病的工人,均不能上岗。

2) 现场应划禁区并设置围栏,作出标志,防止闲人进入。

3) 砌筑高度超过 5m 时,进料口处必须搭设防护棚,并在进口两侧作垂直封闭。砌筑高度超过 4m 时,要支搭安全网,对网内落物要及时清除。

4) 垂直运、送料具及联系工作时,必须要有联系信号,有专人指挥。

5) 遇有恶劣天气或 6 级风时,应停止施工。在大风雨后,要及时检查架子,如发现问题,要及时进行处理后才能继续施工。

6) 其他可参照砖石和砌块砌筑执行。

8.3 挂瓦安全要求

(1) 坡顶屋面施工前应先检查安全设施,如护身栏杆或安全网牢固情况。

(2) 冬期施工时,屋面上的霜雪必须清扫干净,并检查防滑措施等是否符合要求。上屋顶时不能穿硬底或易滑鞋。

(3) 瓦片堆运要两坡同时堆放。采用传递法运瓦时,人要站在顺水条与挂瓦条的交接处,并注意防止被挂瓦条绊脚跌跤。传递小青瓦时，两脚应站在两块望板的接头处及椽子上。对碎瓦片等杂物应及时往下运，不能乱扔，以免伤人。

（4）进行屋脊施工时，小灰桶等工具要放置平稳，以免滚下伤人。

参考文献

[1] 侯君伟. 砌筑工手册(第三版). 北京：中国建筑工业出版社，2006
[2] 李慧英，张莉，张志斌. 砌筑工长便携手册. 北京：机械工业出版社，2005
[3] 徐占发. 简明砌体工程施工手册. 北京：中国环境科学出版社，2002
[4] 《建筑施工手册》(第四版)编写组. 建筑施工手册(第四版)缩印本. 北京：中国建筑工业出版社，2003
[5] 俞宾辉. 建筑砌体工程施工手册. 济南：山东科学技术出版社，2004
[6] 北京土木建筑学会. 建筑工人实用技术便携手册 砌筑工. 北京：中国计划出版社，2006